恋物癖
女神修炼秘籍

兰小界◎著

贵州出版集团
贵州人民出版社

图书在版编目（CIP）数据

恋物癖：女神修炼秘籍 / 兰小界著. -- 贵阳：贵州人民出版社，2016.1

ISBN 978-7-221-13125-6

Ⅰ.①恋… Ⅱ.①兰… Ⅲ.①手工艺品－制作－女性读物 Ⅳ.①TS973.5-49

中国版本图书馆 CIP 数据核字（2016）第 016363 号

恋物癖：女神修炼秘籍

LIANWUPI：NÜSHEN XIULIAN MIJI

作者　兰小界

责任编辑　张静芳　范春雪　张忠凯

贵州人民出版社出版发行

贵阳市中华北路 289 号　邮编　550004

发行热线：010-59623775　010-59623767

三河市明华印务有限公司

2016 年 3 月第 1 版第 1 次印刷

开本　710mm × 1020mm　1/16

字数　190 千字　印张　14.5

ISBN 978-7-221-13125-6

定价　30.00 元

序言

要是在出发前，我就将行程路线以及可能需要的时间告知随行者，我知道，多半不会有人再愿意陪我一路同行。

领教过的人这样说我：见过喜欢逛大街的，没见过你这样喜欢逛大街的，你那根本就不是逛，简直就是扫！知道什么叫扫吗？想想清洁工阿姨手上那把扫帚你就知道了，大街小巷窄胡同，角角落落坑坑洼洼，就没有它不想去的地儿。

这样被责怪其实有点小委屈，我只是在坚持一种美好的习惯而已，在别人那里，怎么就让我觉得我有错了呢？

我去找某件东西，是得大大小小的店铺都进一遍，最后再确定它在哪里，这种行为真的就那么不可理解吗？真的就是一种无聊的挑剔吗？我不想解释，我只能说，我喜欢过程，更喜欢结果，为了结果，过程再苦，我都乐此不疲。而你，未曾享受过、又不能感受的话，那么充满在我心田的那种美好感和收获感，你一定也是不可能知道的。

认真寻找，是一个恋物主义者最基本的习惯。物之所以让我们恋，一定是因为它值得被恋，那种值得绝不可能是它的同类或是风格接近之物所能替代的，所以总得仔细找，总得仔细扫，总得仔细逛。

在这里，我要讲一个故事。它是我听来的。

某所学校从前有一位女教师，她一生最爱的东西，不是漂亮衣服，也

不是精美的首饰，而是纸张，凡是那种有书写痕迹而又裁剪整齐的纸张，她都喜欢。因此教书这份职业让她觉得相当地快乐。她的手，她的眼睛，每天都在接触这样的纸张，她自己的备课本、学生的作业本、她的教科书、学生的考试卷等等。

但是在她五十岁那一年，学校师资力量突然富余了，部分老师被教育局抽调到别的学校，虽然她没有被调走，却被通知不用再上课，被调去管理图书馆了。按说，工作这样调动，她也应该是喜欢的，在图书馆里，除了书还是书，到处都是纸张啊。但是，她一点也不快乐，甚至变得沉默无比。在图书馆不开放的时间里，她总是提着袋子在校园里捡东西。刚开始别人以为她只是捡些饮料瓶，像许多实在是找不到事做的大妈一样，既散了步，又增加了零用钱。然而，她只捡纸张。校园里这样的东西太多了，学生不要了的书本、作业本、听课笔记，甚至是那些曾让他们伤透脑筋的试卷，这些东西都被她捡回来，理好后再整整齐齐地放在图书馆后面一间库房里。

再后来，她到了退休的年龄，要走了。让全校师生惊讶的是，她走时从那间库房里搬出来的纸张，足足装了一卡车。

我无法知道这位老人迷恋纸张的原因是什么，或许她很悲情，或许她太自我。我也不想过多地去猜想她是否已经恋纸恋到了某种病态的地步，我更愿意这样去理解：她不爱图书馆里的纸张而去捡写过字的那些纸一定有她的原因，而且在整整齐齐地收捡那些纸张时，这位老人肯定比生活中平常的时刻更开心。

由此，我们得知，千万不要怀疑这个世界的美好，也千万不要去怀疑别人执意要做一件事的意义是否美好，因为“子非鱼，安知鱼之乐”？即使只是身边一件再小不过的物件，一旦被有心的人在意了，又用心解读了，那么它的生动和意义就被建立起来了，而作为一项美好事物的建立者，他们获得的快乐和感悟是别人无法拥有的。

我相信，这世界上的故事，总是在找人。而当我们被某段故事找到时，我们便把相遇叫做缘分，把后来叫做经历。

我更相信，这世界上那些美好的物件们，也一定在找我们。当它们觉得自己被我们以不一样的眼光注视了，那么，在它们那物质的感知里，一定也会认为，它们原来跟我们是如此有缘，它们一定也会幸福地感谢自己被拥有。

如此说来，这世界上有一种美好，就是彼此成全。我们找到一样东西，成全了它们的期待，成全了它们存在的意义；那样东西被我们千寻万找，成全了我们心灵的依恋，成全了我们生活的快乐。

而当那些被我们在意的物件与我们的一场深爱有关时，那么情到深处，不管是苦是甜，都一定会恋物成书。

目录
Contents

第一章

为悦己者容，为悦情而盛

引 言

真正贴近我们心灵、感受我们呼吸的，除了我们身边那些爱我们的人之外，就是那一件件曾经同我们一起被时光浸染、同我们一起经历故事、同我们一起把欢喜忧伤经历的随身之物吧。

光阴荏苒，岁月如歌。

或许，它只是一件起球的廉价开衫。

或许，它只是一双穿过一次就让人爱恨交加的靴子。

或许，它只是一条仅有两只眼睛注视和承认的项链。

或许，它只是一副要等到将来才会被放到鼻梁上的老花镜……

然而，如果它们会说话，如果它们也愿意有人来当它们的听众，那么，当你以听众的样子真诚地坐下来，它们定会同样地报以真诚。它们会用最平静最从容的语言为我们代言，将我们经历过的对于时光最深情的记忆娓娓道来……

我是那么喜欢这类衣物，甚至一直觉得，在所有的衣物中，就只有针织衫是可以从零岁穿到一百岁的。它那交织的线段，柔软的质地，就如同我们的第二层皮肤，带给我们最贴心的舒适和温暖。而且还有很重要的一点就是，针织衫是不需要熨烫的，你不用担心它被压着了会起皱褶或是肩膀窄小一点就夹身。它就像热爱生活的心，永远以温暖的样子同时光一起，很妥帖、很安静。

穿养

那年她恋爱了，爱得在年长者看来，都觉得她有点欠扁。

她为了他，开始是隔三岔五地逃课，再是晚上宁愿跟他坐在校门口的台阶上聊一夜也不回宿舍，到最后，她竟然还毫不犹豫地扔了大学的课本。

而被她如此深爱的他，左看右看都只是个不值一文的街头小生，很苍白的脸，很冰凉的眼，连背影都高大得那么忧郁。总之他的那个样子，让大家看起来连混成街头老大的指望都没有。

但是她就是迷他，迷他的冰凉，迷他的背影，迷他的吉他。最迷的，是他没有小指的右手，迷到一听到他拨响吉他她就会心疼，就会忍不住要抱抱他。

她青春小光景里的勇敢，越来越紧密而坚固。她为了他，几乎和所有反对他们的人决裂，包括家人。她说，她不需要谁来支持她的爱情，她自己的心就已经足够支持她到死心塌地了。

她提着两大包行李，蹦跳着离开家奔向他的开心样子，让周围的年长者咬牙切齿，认为这个臭丫头都不止是有一点儿欠扁了，如若有家规他们都恨不得痛打她三百棍了。

从此，她跟着他挥霍时光，跟他背吉他跑夜场弹唱，跟他一起把牛仔裤穿得老脏，把头发弄得老乱，只是，她会一直逼他跟她一起穿很干净的白衬衣。他们就像一对以青春为资、以情傲物却又自有净土的超级怪胎，长辈不理解，小辈也不理解。

后来，他们有了点小钱，他说要带她去香港。她笑着说还是买一把最好的木吉他吧。他笑着点头，但却还是带她到了香港。在香港那个购物天堂里，他似乎想要弥补她，说要好好给她买一些女孩喜欢的衣服、化妆品甚至 LV 包包。

但是多么多么地不幸，他们刚下飞机没多久，就被人盯上了。

钱没了，他还受了点伤，好不容易想办法弄到回程的机票钱，买完票后就只剩下了二十块。看到他脸上的愧疚，她微笑着在路边摊上翻找到一件开衫，穿上了就不再脱下，要他付账，左磨右磨，刚好就收了二十块钱。

从香港回来后，她总是喜欢扯着那件黑色的开衫对朋友说，它是他在香港给她买的。没有一个人相信。在那些人鄙薄的眼光里，她却笑得安然知足，仿佛笑他们都不识货似的。他听来却很心酸，那件开衫每个细节处都明显地表明自己绝不是真品，它甚至起了一身的小绒球。

他不再背着吉他跑夜场了，他说他要去挣钱，挣很多很多的钱，给她买一件又一件的真品。她说他就是真品。他的心更酸，说他从来不是，他还是要去挣钱。

他是两个月以后才回来的。回来的那天，她已准备好——刚用蜂花洗发露洗过的直发，如白云般的白衬衣，一条旧的蓝绿格子裙。

她看上去就像十七岁那年他见到的她。唯一不同的是她的身上还穿着那件开衫，开衫上的小绒球更密了，一个挨一个。她挽着他的胳膊说："接到你的电话，我就准备了，咱们走吧。"

第二天，他被警察带走了。原因是他挣钱无路，被人利用，做错了事。

他本来是想一个人跑掉的，但是他想她，终于忍不住，忍不住在深夜就给她打了个电话。她一直都是聪明的女子，她听出他声音里的异样，她告诉他，她怀孕了，说不管他回不回来，她都会生下孩子。

他知道她言出必行，一旦决定，无人能拦住她。所以他想了一夜，在清晨赶回，他抱着她哽咽着说，他知道他逃不了，也不知会进去多久。他说，他要给她一张结婚证。

她很开心，说她也是这么想的，要不然，她跟孩子都会受欺负的。她说来说去，就只在说他跟她以及孩子，而他的错，只要他认识到错了，她丝毫都不计较。

六年后，他自由了。那天很早很早，她就来接他，还是那样的一套衣服，还是那件黑色的开衫。

两人回去的路上，他问她要孩子。他让她赶快打个电话，他要听一声“爸爸”。

她拉着他的手，仰着脸，看着他笑。

原来六年来，她没孩子可养，她只养出了眼角的细纹，以及把那件开衫穿了一年又一年，直到穿养出了柔光。她说现在她跟别人说，它是老公那年在香港给她买的衣服，谁都相信，谁都说香港的东西就是好，穿旧了还是这么柔软有光泽。

他抱紧她哭了。从此奋斗，不到三年，他就发达得可以每个月都陪她去香港。只是经过了这么多年，青春故事里曾经的那些奢望都不再是奢望，她最喜欢让他给自己买的，还是一件又一件或昂贵或廉价的开衫。

坚持把一件混纺的毛线衣穿洗数年的人才会知道，起初那些因为劣质而起球的粗糙迟早都会被洗掉，到最后，它总是会泛起软软的柔光。

那么，爱情即使降临在两场混纺的青春里，亦不论参与爱情的两个人有多倔强多混沌，只要他们贴身贴心，坚持穿戴，最后养出的，也是爱情的真品。

每个女子的古典情结里，都有一件白旗袍：小盘扣，小腰身，小资态，恰到好处的开衩，精致完美的滚边，以及最能表达妖娆的所有针脚和所有线条。即使是一生都穿不出《花样年华》里张曼玉的味道，却也一定很想要拥有一件挂在衣柜里的旗袍。于是，旗袍的一切韵味中，还有一种就是，你必须拥有，即使只看不穿。就像我们向往爱情一样，即使等待一生也没有，但是一定是很用心地等候过。

爱情穿过的衣裳

认识他的时候，她刚刚大学毕业，青涩、纯净，美好得可以不挑衣服，穿什么都好看，就连穿旧的格子衬衣、磨破的牛仔裤，或是哥哥从部队里带回来的洗得发灰的迷彩服套装，都会显得帅气又好看。仿佛青春所有的清澈和轻盈，上天都给了她。

她从来没有想过，有一天真正让她着迷、让她自己觉得穿了它会成为最美的人的衣服，从来就不是那么随意的，它精致到连上面的每个针脚都是小心的。

它是旗袍。像寻梦一般的，她喜欢上了它们，喜欢那种古典优雅的气质穿行在华丽的纤维里，喜欢简约的小盘扣自脖颈一路柔滑盘绕至腰际，喜欢有关它的每一笔线条。

那是因为她遇见了他。

他是她的邻居，也租住在那片旧式小洋楼里，隔着一棵梧桐树，跟她的窗子相对。每天清晨，她推开窗，都会看到他的窗子也开着，他时常会坐在窗边的书桌和藤椅上翻着书本，拿着笔，仿佛是在记录什么。每天晚上，她关了灯要睡觉，也会看到他的窗口依然有灯光。

一天又一天，她迷上了窗前的那个身影，还有灯光。不管心情怎样，因为它们在，她就会觉得时光静寂下来了，然后心也静寂下来了。

不久，她找到一份工作，在一家出版社里，虽然只是小文员，但是她喜欢这份让自己安静的工作，总觉得自己静下来了，会有些像他。她上班的地方离住处有点远，但她丝毫不怠慢，每天都会比正常上班的人们早些走出家门。

因此，她早上再也不能从窗口看到他。事实上，在这里两个月了，她也只是在窗口看到过他，只知道他戴着眼镜，面容清朗。不知道他有多高，也不知道他的背影好不好看。当然，也是不敢走下楼，去敲他的门跟他认识的。

直到那天，她跟出版社里的一位老编辑去一所大学找某个老教授面谈书稿的事。再次回到校园的氛围里她的感觉很怪，仿佛从前在大学里生活四年的那个活泼的她，不是真正的她，现在这个安静的女孩才是。

她想起他，觉得他一定就是永远属于这种地方的。她没有想到自己这样想着时，再一抬头竟然真的就看到了他。

她好惊喜、好惊喜，原来他真是这所大学的讲师。

他和她分别同老编辑、老教授握手，还有她和他，也握手了。他也认出了她，微微点头，微微一笑。她的心里又开心又紧张，一遍又一遍地对自己说，原来他是这样子啊。

他个子高高的，不胖不瘦，像一棵树一样挺拔，即便是很简单的一件西装，在他身上也显得又儒雅又洒脱。有些东西是解释不清的吧，她仿佛觉得自己上辈子就认识他似的。她坐在那个小会议室里，根本就听不进去任何东西，她发着呆，很大胆又很自然地觉得，他那么好，她只有穿上一件做工考究的白旗袍，才能相称地站立或行走在他的身边吧，才敢于在他

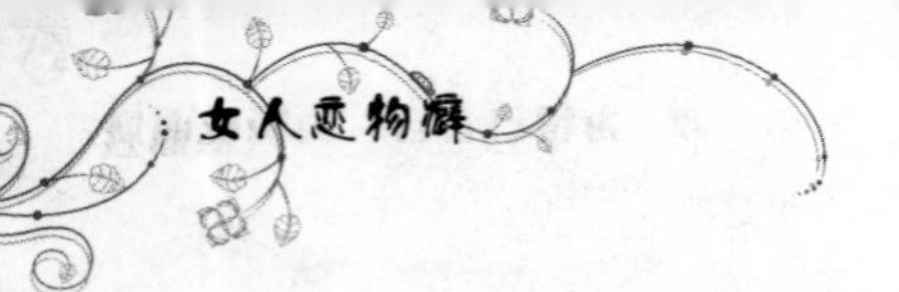

微微转头时对他颔首微笑吧。如此，在别人的眼里才会觉得他们是一个美好故事里走出来的男主角和女主角吧。

她丝毫不为这些想法而脸红，她似乎也不激动，她安静极了，就好像与他有关的许多想法，都是由来已久的。

那时候她的薪水不高，加上房租和日常开支，她足足攒了半年，才买到一件纯手工制作的旗袍。她提着它一路跑回到小楼悄悄试穿，面对镜子里的自己，想象着有一天在自己身旁的他，终于红了脸，终于慌了心。

她的梦，散开来。

只是她一直都不敢穿着它下楼，春天来了，她心里想，或许初夏穿上才会更好看。

初夏了，每片阳光都透着一份季节新生的勇气，可是她却又开始觉得还是韵味浓厚的秋天里，她穿上它踩着落叶走近他的情景比较像一幅完美的图画。

就这样，春许夏，夏许秋，一件旗袍里藏托住的心思越来越厚实。

当秋天终于来到时，她却听到他要离开的消息。

那天，她走在风里，走在落叶里，始终走不出自己。陷在感情里的女子，即便是退缩，即便是好好地装出了一个坚强的自己，可自己看到的自己却永远是伤感疼痛的。

她低着头，走过最后一棵梧桐树，却没想到会看到希望。是他的脚尖，在走向自己，停下。她缓缓地抬起头看到他的微笑时，恍如隔世。

他说他喜欢这条老街，喜欢这里的旧建筑。他不想退房，一年后他还会回来。

她听了心都快跳出来了。她对他说每个周末她都会来帮他打扫，房子要有人气，才会像家，才会温暖，才会让人跑得再远也想回来。

她不知道他跑得有多远，她只知道每天再忙也要去他的房子里看看。

那房子在她每天的精心照料下不见半点灰尘，当一切都收拾好了，她会洗干净手换上那件白旗袍，在房子里缓缓地行走。她什么都不去想，好像就是为了要把它穿给一个叫“他的房子”的人看一看。

他会偶尔来一次电话。她偶尔也会想，哪一天去看看他吧？就是春天吧，暖暖的，穿着旗袍去。

但依然是春许夏，夏许秋，秋深了，冬天也过去了，春天又近了。他说要回来了。那天下着很大很大的雨，仿佛要把一切都洗干净。她很想穿着白旗袍去接他，却又不想让雨点淋湿了它，于是想，反正他是要回到家的，那么就等到了家里再为他穿上它吧。

等了好久，终于看到他下来：他一只手里是行李箱，而另一只手里，却也是一只手。

那个缓缓地从火车上走下来的女子，在这个大雨淋淋的春季里，穿着一袭白色的旗袍，她那么甜蜜地站在雨中，泥水那么甜蜜地溅上旗袍，她没有嫌脏，没有不美。

雨飞进伞下，飞到她的脸上。

她没有走向前，她退回房子里，把钥匙交给房东。

她没有去弄清那个白旗袍女子究竟是他的什么人，她也没有去猜测当他看到自己穿白旗袍时，眼里会是光芒还是遗憾。她只是把那件白如月光的旗袍一直挂在单独的衣柜里。

从此只看，不穿。从二十年前，一直到现在。

喜欢针线的人一定像我一样吧，衣服布料的纹理是经过琢磨的，材质是经过琢磨的，衣服制作工艺是否考究也是经过琢磨的，两块布料的拼接处是否严丝密缝，衣服袖口下摆的收缝合里是否完成了一道道滚边？就像感情有时候需要的也仅仅是终于做完了最后的某件事而已，好比爱到永远了，不得不分离时，是否也努力把曾经的美好完整漂亮地包含在记忆里。滚边是对衣服完美的承诺，而只记忆爱情的美好，是对曾经拥有的感情漂亮的尊重。

承诺完美的滚边

她有一块布料。纯棉质地的，底色是极淡的紫，上面零星地撒着几点深紫的小花，像一滴滴紫色的油彩，落到纤维中没有沁化开。

已经有很多次，她带着那块布料去找缝纫店，但都会失望地回来。

如今的缝纫店，做得大的，都是门庭宽敞橱窗明亮，这样的店，基本上都只做定制。包布料、包设计、包个性、包完美，然后还包由首席设计师自主定价带来的品味，它们是从来都不屑于接受自备布料的顾客的。

做得小的呢，也不会接受自备布料的顾客。小店常常连个正经的门面都没有，夹道处搭一个，巷尾的角屋利用一下，有的甚至还是露天的，撑着一把够大的遮阳伞就行。小店就是随意图点小生意，给人缝缝补补，做做睡衫睡裤这些基本上就谈不上创意的小件。

但是，即便是为一块布料跑上十家店，换来十份拒绝，也丝毫不影响她再抱着那块布料出发，再去找下一家店，再一次虔诚地把她的布料、她的图纸捧出来，给下一位、又下一位师傅看看。

那块布料，是有来历的。

她现在就想象着它被制作成衣，穿在自己身上的样子，一定是盛开的吧，如兰花般盛开的吧。光是这样偷偷地想一想，她的心里就安宁了，所有的心思都放下了。

也就是为了向往中的这份完美，她在纸上用铅笔画出自己设计的衣服图形，不是专业出身，手法粗糙，对于服装制图的技巧完全不得要领，但是每笔擦擦补补的线条，都是心思。

可是即使她带着自己画的图纸，即使她说得详细到每个针脚是如何安排的，即使她为了讨好，包里总是随身带着几本最新的杂志要相送，那些师傅们却还是不愿意把她手里的布做成她纸上画的那件衣服。

好不容易找到一家店，大概是刚开业，门庭清冷，她进去问做不做来料。师傅答应了，可在听了她的要求后，师傅紧皱眉头说这个好麻烦的。然后建议她说，这块棉布可以留在店里帮她用掉，比如做一个围裙，多的布还可以做一对袖套，要不就缝两个沙发靠垫，回头再买两个方枕芯塞进去。

师傅的意思是，她若要做衣服的话，就在店里选一款布料。还推荐说，就雪纺吧，雪纺的好，今夏流行，这几年也一直流行，既有女人味，又好看。见她看着自己手里的那块棉布不做声，师傅又说："是嫌雪纺太大众了不够好吧，那就真丝的，又轻又软，它可是从古代一直典雅至今的。你的这块布料，实在是不好，做什么衣服都不会好看。"

她生气地一把夺过来，问："凭什么说它不好看，不好看那也是手艺欠佳，做不出而已。"

走在路上，她心里还在恨恨地说："谁都不可以对我说它不好看，谁都不可以。"独自倔强到天黑时，在回家的路上她哭了。

或许是眼泪感动了上天，当她再次为这块布出发时，终于找到一个老师傅答应帮她把它做成衣裳。老师傅是位阿姨，头发都花白了，流行的款式一种都不接，只做旗袍，做得精致。阿姨看着她说："孩子，这块布里

有故事吧？”

她的眼泪瞬时倾泻，从来没有人这样问过她。她点头。

这块棉布，已有三年了。那年，她和他，甜蜜相爱，憧憬未来。他出差去了外地，她度日如年。在他终于要回来的时候，她在市场看到了这块布，她觉得它可以做他们的床单，那上面小小的紫色花朵，多像他们短而繁荣的爱情。而经过了这段时间的想念，他们终于可以在一起了吧。

她买回了足够将小花铺满小床的棉布，但是却没有等到他回来。他说他很幸运，在出差的城市遇到了事业上可遇不可求的机会，他得把握。他让她等他三年。

她收好那块棉布，要留着三年后再铺满小床。但是三年来，他似乎很忙，他们见面很少，他也没有再承诺过。

前不久，他来见她，说分手吧。她哭，哭完就觉得自已放得下这份感情，但是放不下这块棉布。她是一个保守的女子，能那样憧憬盛开，得需要多大的勇气啊。

因为是旗袍，她的图纸用不上，她有些唠叨地说着她的要求。阿姨说，这些都不用，一周后来取。

一周后，她看到了她的棉布旗袍，最大程度地呈现了它的素净之美。

阿姨果然是懂她的，下摆、袖口边、领口边都用同色的布衬做滚边儿，完美地包起来。

一道道滚边，可以对一件衣服承诺完美。

感情有时候需要的也仅仅只是终于做完了最后的某件事而已。

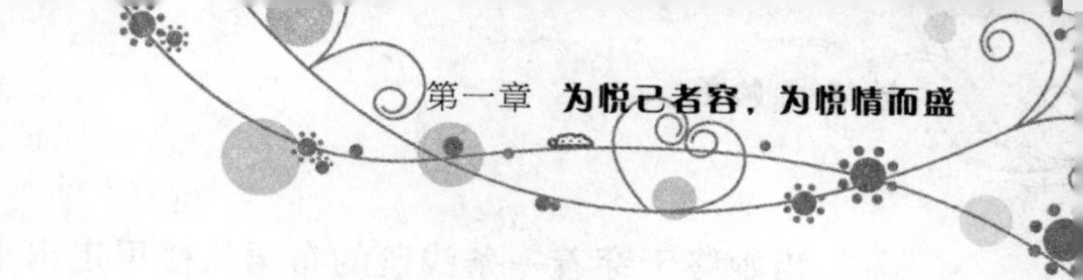

小黑裙，是服装界永远一百分的小资选手。无论在什么场合，无论穿着是高挑还是小巧，甚至穿着身边没有人牵她的手也没关系，只要小黑裙在，它都能替她们表达出她们想到表达的全部。也许正因为如此，才有这么一款叫“小黑裙”的香水，它的意义在它诞生之日起，就已经同衣服一样，典雅、永恒、完美。

走珠之香 9ml

他们同岁，但是他一直像哥哥。小时候，有人欺负她，他扔了书包就上前，从不管对手是强是弱是多是少，他只知道自己要好好保护她。

多年来，只要是她让他做的事，他永远都不说半个“不”字。

她十八岁生日那天，她要他陪她去一个地方，他早早地就来了，靠着自行车站在她的窗边等她。

不知是因为生日开心，还是其他原因，那天的她好磨蹭啊，不停地换衣服，每每换好一件，就拉开窗帘，站在窗边一个凳子上，从窗口亮出身子，问他这件衣服好看吗？

他的回答，都是好看。

她听了就会笑，然后跳下凳子，再找。昨天不知是谁，在她的书本里放了一张电影票，说等她。女孩子第一次正式的约会，有点小羞涩，有点小开心，但也总是会有忐忑、精细和犹豫。她对着镜子换了所有的衣服，然后又对着窗子把所有的衣服都亮给他看后，似乎还是没有勇气走出来。

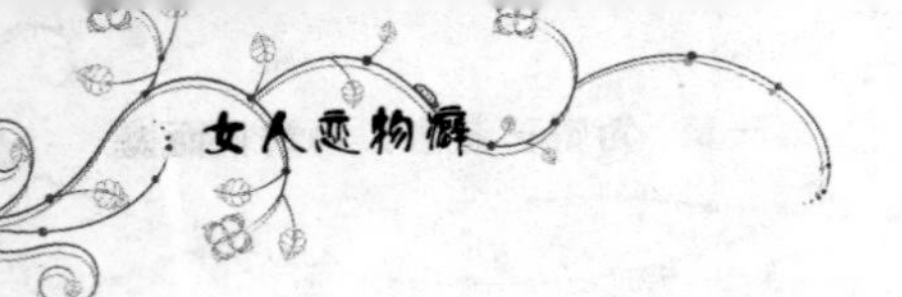

当她终于穿着一条浅蓝的布裙从楼里走出来时，他眼里的光芒软软的，像胡同口的棉花糖。他跃上车，做好准备出发的姿势，看着她笑。

她被笑得不好意思，红着脸，假装很骄傲地问他："你在羡慕我吧？"

他一愣，然后笑着连连地点头。等她上来后，他飞快地蹬着车，仿佛他是有翅膀的，现在借给了自行车。

但是来到电影院门口后，她却没有从他的车后座上跳下来。事实上，一路上她也仿佛一直在想什么，路上的她似乎并不像换衣服时那样开心。

她对他说，她又不想进去了，突然觉得没意思。

他皱了一下眉头，问她那什么有意思？

她把那张电影票丢进垃圾筒，坐回来抓住他的T恤说："我说去哪里，你就带着我去哪里，我不用走路地逛街会更有意思啊。"

他们走了好远的路，他们从没那么沉默过，直到他那对自行车的翅膀都飞不起来了。

太阳像个失落的笑脸，渐渐地落下去了。街边有家做活动的店正要收店，她从车上跳下来，走过去在促销花车上瞧了好半天，然后扬着手里的一个黑色小盒对他喊："喂，小气鬼，你还没给我生日礼物呢！就是它喽。"

他接过来看了看它，又看了看她，点点头。

就是这个夏天过后，他去了北京，她去了武汉，每年只有假期才能见面。

她并不觉得自己有多想他，因为她觉得他就在她身边，就如同她的衣领、裙摆，还有自己手工缝的碎花手帕，不太夸张却又清晰地存在着。

他们有说过吧，毕业后一定要在一个城市里，可以一起倒霉一起走运。但是四年后的夏天，他在北京的街头打电话给她，说他决定要去西藏支教两年，已经批下来了，几天后就走了。

他还说，她二十二岁和二十三岁的生日礼物，他给她寄在了路上。

她在电话里的车水马龙的声音里想象他的表情，微微地笑，轻妙得像二十二年以来他们之间的那些细小的时光之声。

她平静地说："好的，你去吧。"

几天后，她收到了礼物。又几天后，她收到他报平安的信件。

她安然地过着自己的生活，像所有这个年龄的女孩一样，喜欢玩喜欢购物喜欢恋爱，不喜欢闷着不喜欢节俭，还有，如果有男朋友了，恋不着了就分手。

她仿佛一直都在拒绝，但是仿佛也没有真正去拒绝。当男孩 M 闯进她的世界里时，她跟自己的心商量了一下，决定去爱了。

二十四岁生日前天，她走着去 M 那里，路上因为风凉，她尖尖的下巴幸福地落进宽大的毛衣领子里，突然感觉到他仿佛就在领子里。她边走边算日子，哦，他是快回来了吧。

在 M 的公司楼下等他时，她看到对面有一家店名叫“最爱 10 ml”的自制香水店，她进去看了看，买了 10 ml。

M 跑下楼来时，她举起毛衣袖口问他：“好不好闻？”M 笑，捏她的脸说：“亲爱的，我们去买戒指。”

喧闹的大街上，有些气味飘来了，有些又被冲散。

他竟然真的回来了，黑了许多，当年额上的那条树枝划痕像皱纹。

有人说，皮肤黑了皱纹就会浅一点，她不觉得，她只觉得它们很深了。

但是看到他身边同样黑黑的一个女孩后，她迎接他的却只有一句话：“喂，小气鬼，我的生日礼物带来没有？”

他看了那个女孩一眼，笑着伸手递给她。

他们叙了叙旧，然后道祝福道珍惜，然后转身，各自有爱情，各自有生活。

直到现在，她都不知道当年那张电影票是他放的，而他也一直以为她更想要他给她一份不需要两双眼睛两个鼻子享受的礼物，她宁愿挤在人群里没心没肺地找一小瓶香水，也不想跟他一起看电影。

其实，她一直觉得好奇怪，这款叫 little black dress 的走珠香水为什么只有 9ml？但也只是奇怪而已。

或许青梅竹马眷恋到一定程度，就是心上的走珠之香吧。它一直在，却又连小小圆满的 10 ml 都差那么一点点缘分。

没有见过大海的眼睛，一定有一个有关大海的梦在心里，这个梦又远又近，远到你不知道要走多少路又要走多久才能踩在沙滩上，近到你会觉得拥有一件海魂衫，你就是把大海穿在了身上，就是把蓝天白云装进了心里，就是把海浪声海鸥声汞在了耳旁。

海魂衫，咸的思念

她一直记得那一年的那个下午，那天似乎很是不同，太阳好像很高，阳光也比往日清淡了，就连风都仿佛是远道而来的。她在屋里翻着哥哥的旧书，邻居小姐姐跑过来跟她说："我家来客人了，从海上来的，那个人，好神奇的，他就像是一只海鸥呢！"

她瞪大眼睛说："真的呀，你见过海鸥吗？"小姐姐笑着说没有。

她们欢笑着跑过去，她倚在木门边看那个客人，黑黝黝的眼睛里，有着一种自己也解释不清的迷恋。那客人明明在很大嗓门地同邻居阿姨讲着话，但是她却觉得世界好安静，安静到她对那个背影注视着注视着，就仿佛真的听到了海鸥在歌唱，真的听到了惊涛拍浪，真的闻到了海风的味道。

她出神地数着那个背影身上那件蓝白相间的海魂衫里，白条纹有多少条，蓝条纹又有多少条。可是她越数越多，越数越多，直到天黑了，客人走了，她把自己小小的心都数进了一种遥远的美好里。

她生活在江南小镇，从看到这个世界起，对宽阔的理解就是那一江水。当她后来知道了那一江水是流入了大海时，便懂得了那一江水也是狭窄的。

是啊，有对岸的水，再宽阔也是狭窄的。长江的对岸太近了，举目尽收，看到了对岸，也就收住了要放飞的心，也就收到了来自渴望里的遗憾。

记得好多次，她坐在礁石上，把长江努力地想象成大海，把江风想象得更豪迈，可是心思再驰行，视野再放纵，伸进江水里的赤脚尖，都会尝出那一片无滋无味的淡。

每当看到有人穿着海魂衫，她都非得追赶着上前瞧个仔细，很想红着脸问一问他们，去过海边吗？大海，它好吗？

仰望中，想象越遥远越美得不着边际，总觉得蓝白小条纹相间的海魂衫就是世界上最帅气的服装。

终于有一天，邻居阿姨递给母亲一包衣服，说是上回来的那个侄子寄来的旧衣服，他们家里没有这么大个子的男生，恐怕只有大兵可以穿。

大兵是她的哥哥。他真幸运，那个年月，能得到别人赠送的半新衣裳已是一种幸福，何况那还是一件又一件的海魂衫。

大兵从此爱打球，从此爱扮酷，因为他穿海魂衫而显露出迷人的气质，真的有好长时间，他都是篮球场上最帅的身影，好多女孩子围着他转。而她，似乎也沾了他的光，替他抱着他脱下的上衣时，总是会不由自主地扬着一脸红红的小骄傲。

她对母亲说把大兵的海魂衫改一件给她吧。母亲答应了，但是大兵不答应，那时的大兵也正在一件又一件旧的海魂衫里享受最饱满的骄傲，他甚至变得那么小气。

她哭，他笑，他说："哪有女生穿成这样的？等哥哥我成了海军，给你买女生穿的海军裙，就是上回电影里演的，上面是海魂衫，下面连着白裙子的那种。"

她破涕为笑，这个承诺让她兴奋无比。她开始坚信她哥哥的志向真的就是成为一名海军，她坚信他也会像一只海鸥，给家里给她带来许多许多有关大海的遐想。

她总是跟别人说，她的哥哥，长大了是要当海军的，而她也是要做一辈子海军的妹妹的。那种语气，伴着篮球场上哥哥越来越高大宽阔的身影，

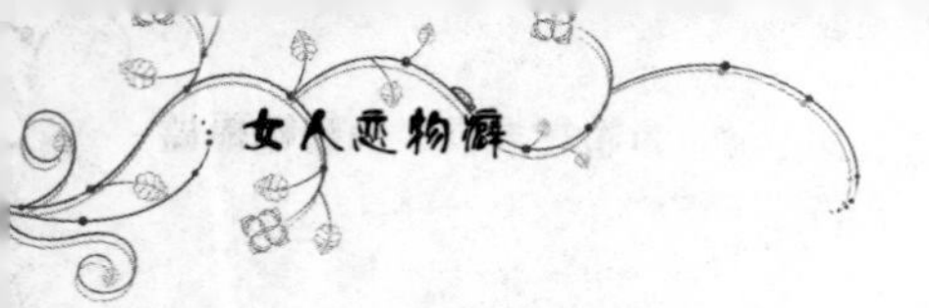

伴着她腿上搭着的哥哥脱下的带着汗咸味的海魂衫，让她也仿佛更加鲜艳美丽起来。

但是因为许多原因，比如视力下降，比如更成熟现实的理想等等，她的哥哥最终还是没有做一名海军，他去了一所很了不起的大学。

从此他优秀无比，从此他的理想好高好高，这让他毕业后有过好多年的奔波辗转，他似乎始终找不到停靠梦想的海港。每每春节他们坐在老家的小院子里，把徐徐吹来的江风当做海风时，她都感觉她闻到的风是没有很多种味道的。

海魂衫也不再流行，白衬衫、格子、雪纺、混搭等等都纷纷成为主流成为当道，甚至只有在工地上，才能见到一些年轻力壮的小伙子穿着很旧的海魂衫，也许是别人相送的旧衣，也许是他们自己很多年前攒下来的。在她上高中读大学的日子里，海魂衫就像哥哥丢失的最初理想一样销声匿迹。她甚至开始有些恨大兵。

直到去年，条纹风又带着海魂衫回来了。

而此时哥哥也终于在海南扎下了根，他给她订了去他那里的往返机票，他给她买了各种各样的海魂衫——冬天的毛衣、夏天的T恤等等。她也终于嗅到了海的气息，那种气息，肆意迷离，同心跳在一起。

今年夏天，当她穿着梦想中的海魂衫白裙子和爱人在哥哥的注视下在海滩上拍婚纱照时，她更深刻地理解了和铭记了她生命中有关大海的故事。

她明白，人的记忆是五味俱存的，酸的让人哭泣，甜的让人迷恋，苦的让人成长，辣的让人懂得，而咸的，会让人深刻。

有关海魂衫有关蓝白小条纹有关海阔天空的味道，就是咸的吧，它深深地存在他们的生命中，带给他们不一般的记忆。当哥哥坐在海边把这个故事说给她的爱人听时，她知道哥哥并没有丢失最初的理想，像她一样。

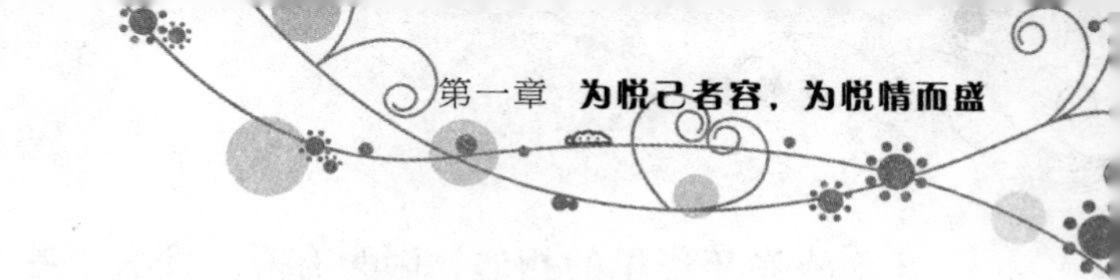

你信不信？在这世上，接受目光最多、引领视野更明亮更清爽的饰物，一定不是钻石。所有喜欢眼镜的女人，她们喜欢的，并不是眼镜本身，而是因为眼镜是唯一可以让她睁开眼睛就一直注视的东西，如同深爱的他在她心里，总是随心跳而在。

化雾之美

长江上的雾，总像个忧伤而又固执的老人，只要铺下来了，就不好散，常常接近中午了，连晚起的鸟儿都觅完食回家了，它还在。

这样的天气，拦车是一件难事，她上班的地方远，几乎每天都要等半个小时的车，虽然等到最后总是会有一辆车载着自己，但心情早就被这漫天的雾给笼罩得没了快乐。

缘分是这个世界上最勇往直前的东西吧，它要来时，没有什么能拦得住。

那天早上，她与他的相遇就是如此。那天的雾，厚得都可以感觉到呼吸时的沉重感，她在站台，又已等了半个小时，发梢和围巾早已湿透。她心里不停地宽慰自己说，下一个十分钟内，就会有车带她走。

真的就有一辆车马上停在她面前了，但很快她又失望了，车里有人。然而，那车不走，有个声音说：“上车吧，今天早上我已是第二次看到你在这里等了。”

原来半个小时内他已往返一个来回。那是一张让人信任的面孔，眼里的微笑仿佛是来化雾的。

青春年华里的相遇，因为有雾，便有了些老电影的浪漫色彩。他一直随车把她送到目的地，一路聊，一路笑，也一见倾心。从此他们便约会，相爱，他喜欢她的娴静温柔，她喜欢他的担当伟岸。

正当彼此爱得难舍难分时，他们却不得不分开，那些原因，包含了天时地利机遇，甚至连天气都有错，不是么？江边城市，在雾里总是难见对岸的。

所有的罪过里，唯独不是他们不再相爱。

两人也都努力地去找过对方，以为坎坷只是一场浓雾，当春风穿过，那一层水蒸气便会明朗。可是陷在冬天里的风穿不过，穿不透。

没有希望的等，让他们从此死心塌地把心随生活。他们先后结婚，又先后有了孩子，接着就是围着孩子过，过着过着生活里的希望就都是亲情味道了，有关爱情的越来越远。远得让回忆与现实间有了雾，厚得连感受也不敢肆意一点。

但是，缘分真的不受人为的影响。尽管他们各自早已远离当年的那个雾城，但是在这个做梦也不会想到对方也在的城市里，他们遇到了。

两双眼睛互望，彼此认出对方的瞬间，二十年的时光雾全部散开了。他们平静地坐下来聊天，并且一连好些天的下午都约好一个地方，聊啊聊，怎么也聊不够。

后来聊到各自家庭的现状：他的一切都好，事业有成，家境丰厚；她的一切都平淡，小房子，小幸福。

他说他欠她一个婚姻，但是这辈子是给不了了。她笑了一下，说：“你送我一样礼物抵消吧。”

她了解他，不这样说，不让他送给自己一样什么东西，他一辈子都会难过。

他惊喜，他很高兴她这样说。真的，不是那种用钱了却遗憾后轻松的欢喜，而是因为她真的懂他。

她只要求，这件礼物能永远放在她身边就好。

他带她来到钻石柜，她摇头。他带她来到手表柜，她摇头。最后他突然想到她的孩子以后结婚是需要房子的啊，没有什么能比这个让她后半辈子更安心的吧，他为这个想法激动，可她还是摇头。

他竟然哭了，他说他现在除了用钱表达外，其他的真的都让自己觉得无法接近心里对她的那种深刻。

她轻轻地摸着他的脸，抹去他的眼泪，说她只想要他给她买一副老花镜。虽然现在她还不用戴，可是再过几年，她一定就得天天需要它，而且肯定会越来越需要，直到生命走到尽头。

他明白了，眼镜是睁开眼就要一直看的东西啊！他为她的深情再次落泪。

他带她去了眼镜店，配了一副老花镜。可是，就在他们相视一笑要离开时，店里冲进来一个鲁莽的小青年，碰掉了她手里的眼镜，眼镜碎了。

重逢后再激动也一直保持微笑的她，终于再也忍不住眼泪，蹲在地上动情地哭，边哭边一点一点地捡那些小小的碎片，把它们摊在手心。

他知道她相信宿命，她害怕这是他们之间不好的预兆，她害怕他们以后将是永生都不得再见面，如这破碎的玻璃一般。

他也蹲下来，和她一起捡，仿佛有神灵在冥冥之中告诉他们，只要把每粒碎片一点不剩地捡起来了，上天还是会给他们一个好的结局，比如两个人都健康，比如每隔一段时间，他们就有个偶然的机会见见面说说话。

头上三尺真有神灵吗？

有的。

他们一边落泪一边捡碎片的情形，让那个中年店老板感动了。店老板明白了这副眼镜对于他们的重要性，他走过来，将一副一模一样的眼镜递到他们面前，说刚才是他的错，因为他的店没有魅力让招来的顾客都像他们这般优雅，所以那一声破碎，是上天在提醒他做得不够好。

店老板并不知道他们的故事，也不明白他们的心声，但是他的话，让他们相信，那一声破碎不是摔给他们听的，所以上天也就不会安排绝望给他们，那么他们的愿望还是最美的那一个。

这世上，所有的雾，都是爱化开的。而最美的，又是爱成就的。

梦的衣裳，是被单。梦穿着它，暖着我们。每一个美好的梦，都是一部好电影，在心底深处，记忆深处，追光绽放。

追光绽放

那时候，大学生们都还没有手机，比较流行的交流方式就是手工信。刚进大学的她，给许多同学寄去了信，其中有一个，迟迟没回信。

后来她才知道是她把地址弄错了。只是没想到，春天来时，那个错的地址却来信了。陌生的他说，这信搁在他宿舍里太久，怕寄信的人挂念，就给寄了回来。

信很简短，字很干净，其间有一种细腻，一般的人，怎么会这样做?因为寄信人与他毫无关系，收信人与他毫无关系，那封搁在宿舍里的信也与他毫无关系。她有些感动，觉得温暖，于是去信道谢。

信再来，信再去，渐渐地，他们彼此相知，相知后，又彼此牵挂想念。

一年后，他们见面了。彼此点头微微笑着，那种默契，让惊喜这种情绪似乎都显得过于冲动而不能表现，他们像老友一样聊天，行走，看电影。

从此他们不再写信，约好每周末都见面。他们每次见面都同第一次相见一样，聊天，行走，快要分手时，就去看电影。

每每看过电影的那个晚上，她拥着被子睡觉时，都会将两人在一起的点滴都回忆一遍，那种感觉很美好，美好得在自己渐渐地要睡着时，会觉得被单上面那种大团大团的花朵都像是一场电影。

两年后的那个暑假结束后，她去他的学校找他，有人说他实习去了。

她回校等他的信，一直等到寒假。宿舍里只有她一个人了，她的东西也早收拾好，但因为还没收到他的信，所以她不肯走。

她不急，也不怀疑，每个下午都会去电影院看一部下午场的电影。影片好不好没关系，她只是喜欢电影放映机的神奇，觉得它的灯光是世上最神奇的花朵，它的每一次绽放，都是一个故事，而看故事的人，也是有故事的，比如她。

仿佛是有先知似的，他的信果真就在她留下来的第十一天来了。她捧着它，心快跳出来了，原来他是跟着一个地质队进山了，那里没电话，而一封信也走了这么久。

半年后，他留在那个地质队了。他又回到从前，给她写信，但由于他终年在外，居无定所，她回不了信，所以每每看完他的信后，她就去看一场电影。

寂寞但从不孤单的她，独自看了一百场电影后，也毕业了，她回到了家乡小城。她本来是学中文的，家里也有关系能帮她进好单位，但她坚决要去电影院。

她做了一名普通的电影放映员。没有更多的原因，就是爱，因为他可能暂时还无法稳定下来，在等待的日子里，那些爱，她要怎样去挥洒绽放呢？她想，在一个又一个电影故事的绽放里，或许有寄托。

由于工作认真，年底考核，她被评了优，奖品竟然是一套花开富贵的床单和被面。

她很高兴，通过他们测绘院里的电话找到他所在的村，和他通了电话。虽然远在千里之外，但她还是抱着奖品坐火车去了他那里。

在他简陋的临时宿舍里，她把一垫一盖的花开富贵铺缝好，在烛光中微笑着，邀请他也到花朵中间来。那个除夕，很安静，他们在花朵里绽放了。

可优秀的人总是被挽留的。第二年第三年，他忙得依然只有在年假里才能在他的临时宿舍里抱紧她。她不怨，每年去他那边，都会带上一套她精心挑选的花开富贵的床品。回来后，又继续安静地放她的电影。

第五年的时候，她与他竟失去了联系。他没再写信来，也没有电话。

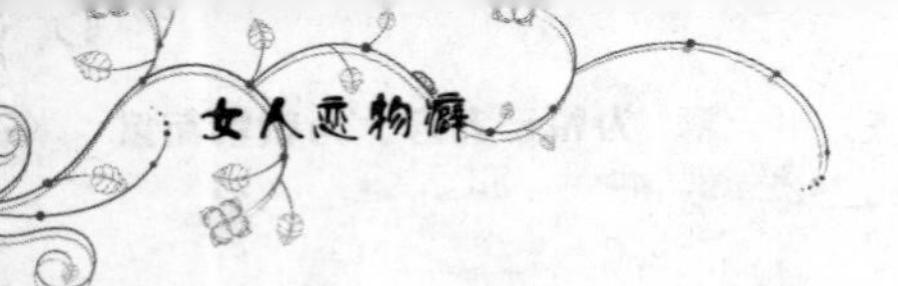

她打电话到测绘院里，院里只说半年前他所在的那个地质小分队就归入了别的院属，至于再怎么分配的，情况不太清楚。

她哭过，但依然安心地等着。只是每年的春节，她再也不敢去买那种床品。

几年里，她经历了一个小城电影院的衰落过程，但是她每天播放一部电影的老习惯却没有停止，有时候，电影院一个人也没有，她也放，熟了又熟的老片，她看得满眼是泪的花朵。

三十岁那年，她突然想给自己再买一套床品。新年前两天，她去了市里最大的那家家纺店，向导购员问那种花开富贵的被单，导购员笑着说："您要的那种，我母亲现在都不用了。"

她尴尬一笑，突然想起几年前母亲说某个小作坊定做那种被单，正要走，却听到那边一个声音对着电话说："大良，真的，没有你说的那种大朵大朵花的款式。"

她的心一缩。

她捂住狂跳的心，急急地走过去，对那个人说："我可以带你去一个定做那种被单的地方。"

在去的路上，她弄清了，那一声"大良"，就是这些年来在她心里如花般绽放的大良。身边的这个女子，是大良的表妹，她说几年前大良在山里勘测爆破时，遇到意外，双眼受伤，一直在治疗，如今已经治到可以判断白天黑夜，当前几天他又可以辨别大团大团的颜色时，他求表妹来给他买花开富贵的床单和被面。

她哭了，原来他同自己一样。她坚持不让表妹付款，一下子订了足够她和他盖垫一生的花开富贵。

几天后，她带着它们来到他那里。她看着他，没有询问，没有责怪，只是握紧他的手，再也不想松开。

结婚后，她决定再也不放电影了。因为整整十年来，不管是作为观众还是放映员，她一直孤单地绽放在两千多部电影的后面，就是为了等她人生电影的男主角，如今她等到了，也就放完了她该放的电影。

海螺是鱼儿们的宫殿，在它里面，会有鱼儿们相爱的故事，一定会是美好又忧伤的吧。当有一天，海螺离开海水，来到沙滩上，鱼儿们的故事，也便和海螺一样，成了海的化石。

两地深秋

再次见到他的时候，她二十七岁。

在朋友那里，她已被叫做老女人了，即便还是单身，即便保养得很好，皱纹斑点都还未上脸，但别人痛快地这样叫，她便也痛快地答应着，不争不计较，是因为这人心终归已是二十七岁，不再是十七岁的小光景。

似乎二十七岁了，连十七岁的勇气都不再有。

十七岁的夏天，她刚刚考上大学，父亲的公司组织员工去大连旅游，父亲便把名额让给她，鼓励她独自随团去看看外面的世界。出发的那天，父亲把她交给同部门的他，托他一路照顾。她小声问父亲该怎么称呼他，父亲犹豫了一下，说叫叔叔。其实应该叫哥哥，他二十五岁，走出校门不过才一年。

她还是叫他叔叔，一边叫一边不由自主地笑，而他则被笑得不好意思，便总是说："小孩你笑什么笑，不要笑啊。"

大连的美丽，会让有故事的人们的故事更加美好。那次旅行，她开心极了。在大连的最后一天下午，他们在海边游泳，傍晚时分大家回去时，有些游客在海边搭帐篷，她看着想着，不由地出了神，一个人落在最后。

他回头，跑过来拉她，她问他说：“你说他们这样睡觉会不会做的梦跟我们不一样？”

他拖着她一边追着团队一边说：“小孩，你哪来的这些怪念头？”

那天晚上，她早早地在旅行团所在的宾馆里睡下了，却又睡不着，想着海边的夜晚。快半夜时，她听到敲门声，她出去，竟然是他，他小声地说：“小孩，我买了帐篷，你还去不去海边？”

她高兴地差点叫出来，蹑手蹑脚回房里拿东西，同房的阿姨醒了，疑惑地问她要去哪里，她支吾着说就去门口买个冰淇淋。

那个海边的夜晚，真的是不一样，感觉仿佛星星全都掉进了大海里，而大海亦仿佛搬家到了天空中。在月光下，他们还捡到了海螺，洗净后放在枕边，梦里仿佛有鱼儿游到耳边。

但是她没想到，第二天晚上回到家后，父亲的脸色会那么难看，母亲则在一旁哭。原来她还未回家，有关她的传言就到了，说她和他在外面的帐篷里过夜。

她解释，说明明是两个帐篷，而且海边还有很多其他的人，但是没人相信。一男一女、单独、海边、过夜等等这些字眼儿，让人们的想象力又膨胀又恶劣。

为了不跟他再有关联，父亲决定辞去公司的工作。她天天被关在家里，只等着大学开学了就走。

可是那天，他却来了家里，他是要告诉她父亲他们没有做错什么，但是父亲放弃工作多年的公司就错了，他说要走不如他走。

当时父亲不在，他跟她说的，说完这些，他突然说：“小孩，对不起。”她看着他笑，笑得让他明白他没有做错，他也就笑了。

但是他这次来家里，并且单独见她，还是错了。父亲和母亲外出回来，看到他坐在客厅里，那种愤怒就如同看到要带女儿去私奔的那个男人，他被赶走了。

父亲没有从公司辞职，她知道一定是他走了。再过了一些日子，她离开家北上去了大学报到，带走了那晚他们捡的海螺。

或许是因为远离了家，远离了护犊紧张的父母，还有周围那些或许善良但不美好的人们，独自在北方的她常常会想起他来。她相信他的品行，那晚在海边，本来是两个帐篷，他们各自一个，但是他担心隔着两层帐篷就不能更好地保护她，他把他的那只帐篷悄悄地拆了，只铺了一张防潮垫，紧挨着她的帐篷睡下。她没有跟任何人解释这个，她十七岁，他二十五岁，解释再多，他们都无法理解他俩的彻夜不归。她现在只是独自怀念这种被爱护的感觉。

半年后，她回家，竟然很巧，在车上遇到了他，像没有发生过什么事一样，他们同那次在大连一样细致地聊天，并且互相留了电话。

这之后，她在学校便一直和他有联系，无论是在电话里还是在网上，她都迷恋和珍惜与他交流时的那份真诚。她读的是医学院，临床医学，七年。

七年后，她回到家乡城市工作，而他还是单身。或许是他们的开头就都不被人祝福，这些年，他们的联系，真的就只是在电话里、在网上，以至于她工作三年了，尽管她知道他的一切，甚至内心，但是她从没有见过他。

十年过去了，她知道她现在带他去见父母，见父亲当年那些爱散布小道消息的同事时，他们肯定不会再以不理解的眼光看他俩，说不定他们都会有一种看到有情人终成眷属的欣慰。

那天，她和几个同事一起去机场准备去外地参加一个学术讨论会，在候机厅看到他，他也是出差，身边也有几个同事一起。她很想过去跟他说说话，然后对他说："我们回来后，一起吃个饭，和我的父母一起。"

但是，时间太仓促，他们各自刚刚离开队伍，各自的同事就催促了——要登机了要登机了，于是两人只好彼此挥挥手，回到各自的队伍里。

那种相隔的感觉，之前十年一直在求学，接着忙工作，没有时间弄得更清楚，但是现在她突然明白，那就是两地深秋，虽然彼此相知，但是静到可怕。

他一直都没告诉她，她觉得那晚鱼儿来到了耳边，其实是真的。当然那不是真正的鱼儿，而是清晨太阳还未跳出地平线，他拉开她的帐篷，想叫她起来看日出时，看到她那张可爱的脸，突然情不自禁地想亲她一下，

但是脸低下去低下去，低到她的耳边时，他又将脸抬起来，坐回到帐篷外，等她醒来。

她梦里游到耳边的鱼儿，是他的气息。

有时候，爱情就是这样吧，两个人明明都是认认真真地去爱，但就是得不到，一切只因为两地深秋，不见春风。而所谓老，不是人老，也不是心老，而是勇敢老了。

世界上最柔软的东西，就是心爱的人穿旧的衣裳。在这里，旧，指的是他的气息在上面穿行了很久，直到渗进横竖交错的棉纱里，指的是她的手为他洗了它好多次，直到她的温柔把本来就软的棉纱变得更软，指的是他们的相濡以沫，就在这一件衣服里。

旧棉之爱

她是个恋旧的人。年底做清理时，总是要收拾出一些旧衣，但她不会扔。她会把它们分类，好好地装进纸箱里，还会在里面放上樟脑丸。一年又一年，家里的柜顶床底，到处都给塞得严严实实的。

他不喜欢她这样，无数次地说要扔了它们，她说不行。平常她都是温柔又顺从他的，唯有这件事，她的态度很坚决，样子很倔强。

那天夜里停电了，他半夜起床去卫生间时，让床底露出一角的纸箱给绊倒了，他恼得跳起来，推开窗，抱起纸箱就往外面扔。

可是第二天早上，他又看到那个纸箱，还有她红红的眼睛。

没想到就是这件事成就了他。他想她大概是穷怕了，才要把旧衣服都攒着，这房子也是太小了，要不然怎么就容不下几件旧衣裳呢。

他辞了那份刚刚够吃饱饭的工作，努力打拼，苦尽甘来，渐渐地他发达了。

两年后，他给她一套新房钥匙，不动声色地说已装修好，明天他公司里的那帮小伙子会来帮他们搬家。她接过钥匙，笑着问他是不是所有的东

西都可以搬过去。他说拣需要的搬，那边什么都有。话还没说完，他又边接着客户的电话边出去了。他真的是太忙了，晚上又飞到上海出差了。

第二天，他回公司时就听到一些话，有人说想不到老总的太太就像收破烂的，昨天搬家时，光那些纸箱差不多就堆了半个小皮卡的车厢。他想象着那些纸箱，心里有一种奇怪的感觉，明明他出来打拼的初衷是要给她大房子和宽裕的日子，可是现在生活的样子依然如故，是他的失败，还是她的失败，或者是他们的失败？

那天晚上，他没有回家，新家的第一晚对他竟然没有一点吸引力。

也就是在这个不愿回家的晚上，他认识了一个女孩，不是风月场里的，是他喝酒后开车要回公司睡觉时在路边捡到的美丽。女孩刚刚大学毕业，还没找着工作，没钱付房租被房东赶出来了。

半夜的街边，他停下车，问女孩他是好人还是坏人，女孩说他是好人。他一笑说答对了。他又问，如果让她扔了她拖着的旧行李箱跟他走，她敢不敢？

女孩不说话松开拖行李箱的手的那一瞬间，他就喜欢上了这个又单纯又勇敢的女孩。

没多久后，他带回钱给她，说希望她添些新的东西，不要再留着那些旧物，一切重新开始，而他自己，也要重新开始了。

她沉默了很久，才说好，并告诉他有空了回家来拿走他的东西。

他这一走就没再回来。对于他来说，他似乎实在是想不起有什么东西是要带走的，一切都是旧的，他讨厌旧色彩。

再与她有联系，是她打电话来，说物业催房子换证，请他处理一下。当时他正和女孩为房子争论，半年前还那么单纯的女孩，转眼就变得现实了，他说先买个两居室的小房子住着，女孩却说要买小别墅。他说若买了别墅公司就周转不开了。所以当他接到她的电话时，一听到又是在说房子的事，他的语气很不好。

女孩终于妥协了，是以她全家欧洲之行为条件的。女孩一家登机后，他突然觉得很累。想起她那天托他办的事，便打电话找她。

房产证的事办好后，他在她的楼下打电话和她说已办妥。她说谢谢，并请他到曾经的家里坐坐，他犹豫了一下，还是去了。一进门，他就发现房子内有不少新感觉，他想她大概也在接受新的人了。

淡淡聊了几句后，她像想起什么似的抱出两大包东西，说："听说你要结婚了，我没什么好送的，这些是给你的孩子准备的，不要嫌它旧，它们对孩子好。"

他不解地拉开其中一包，原来里面装的都是旧衣物改做的小孩的衣服和尿片。虽然很干净，但他还是紧皱眉头，想不到半年过去了，她还是如此，而且，就算他有了孩子，也不至于少了买这些东西的钱。

可是她却一直微笑着，拿出包内的一件件小衣服，一样一样地铺展开来，对他说："你还记得吗？这件是你2000年穿旧的T恤改的，我们一起在解放路买的那件；这件是2002年你那套洗缩了不再穿的保暖内衣改的，是你们公司发给员工的那件；这些裤腿的紧口，都是旧棉袜腿踝的那一截儿，还有尿片，全是我们用过的旧床单裁的……放心吧，它们都很干净，我先用84消毒液泡过，然后再投了五遍的清水，最后还用沸水煮过，小孩子用的东西，就是要干净得能闻到棉花和阳光的味道才行……"

他不愿再听了，心里虽然有些沉重，但还是假装不屑地随口说："原来你那天让我带走的就是它们啊，现在还用不上，谢谢你了。"

这时门开了，进来的姑娘怀里抱着一个小孩，叫她阿姨。她的眼圈红红的，接过孩子说："不是的，那天我要你回来带走的，是他。"

愧疚顿时穿进他的每一条血管里，他惊讶了足足半分钟，才连同孩子和几包衣服一起抱住。他感觉到一种从未有过的难过，他的记忆仿佛穿越了时光，他记起了孩子身上的每一样衣物，都跟他有关，他的孩子穿过的每件衣服上都有他曾经的体温，可他却残忍地不在他的成长里。

他在这一瞬间懂得了她。她从好好收着第一件旧物起，就从不是因为小气，不是因为穷怕了这也舍不得那也舍不得，她只是借对旧棉那一份固执的爱，来表明她一直都有一颗想和他相濡以沫、越旧越柔软越不舍得丢下的心。

戒 指

女人喜欢戒指，不是因为它有多么昂贵，有多么璀璨，有多么值得戴在手指上向世界炫耀。她们喜欢它，唯一的理由是它在自己手指上停留的意义：它戴在一根手指上，但它属于两双手，属于两颗心，属于两个人，属于两个人的同一个永远。

戒指只戴对手戏

没有他在身边的日子，她越来越习惯。

她开始喜欢这份孤独的安静，喜欢随身带着相机，随手拍下小街小巷中的一些影像，她还开始很喜欢郭易的歌——“如果与他无关的灵感，一再往脑袋里藏，如果一个人听歌和走路和吃饭，是最好的消磨时光……”身边的女友一直都挺羡慕她，说谁都没有她幸福。

她们指的是三年前，他出发前把一枚周生生钻戒戴在她的无名指上，两克拉，几乎花光他出发前的全部积蓄。他说倾尽所有给她买一枚戒指，就是想让她知道他那颗完整的心，它是他的誓言。他让她相信，他走得再远，她也是他要回来娶的人。

她们也指，三年来他在上海那个大都市里，因为她而心一直在这个小城，这对一个在外打拼的男人来说，太难得。她们还指，他能力非凡事业大成，总在为他们的将来努力把存折上的数字刷新，是吧，他很成功。

但是她们不知，一年三百六十五天他们连六十五天的相聚也没有，而且在这不到六十五天的时间里，即使他身在小城，其实心也在上海，他总是忙着接电话，接了又是总也说不完的话，而她总是在一旁看着他说。

她理解，三年来，那就是他在上海的常态了，她喜欢他，但是她越来越不喜欢那种对她来说陌生但对他却是常态的忙碌，越来越不喜欢短暂的相聚里他的话里总掺着上海话。

她的常态是喜欢静静地讲她的学生们，讲她的小生活。可每次在她欣然地给他看她拍下的小巷照片时，他都在用手机给上海那边发邮件。

于是，她知道，他们各自的常态，背向而驰，助长了他们彼此的陌生。

她的二十七岁生日，他破天荒地回来了，去学校接她时，开着奥迪去的，她没有惊喜，也没有问他，她知道车是他的。

三年前他就说过，等他有了车，一定会从上海自驾到小城，他会带着她穿过每一条街，吹每一条街上的风。那时的她也是这般向往的吧，于是她总是把戒指戴在手上，憧憬着他牵着她的这只手开车去兜风。但现在，她的手上没了戒指，它已被她放在抽屉里大半年了。她自己都不知道是哪天把它从手指上退下来的。每一枚戒指，都是要在两个人幸福的对手戏里才能熠熠有光的，她想告诉他，她那孤单的无名指，给不了它两双手的温暖。

她推着她那辆黄色的折叠小自行车，说去邮局的那条路总是塞车呢，她更喜欢从巷子里走。他无奈地说那好，他正好也去办点儿事，那么晚上见。

她看着他调转车头，远去，像一个与她无关的人。

她是去给学生寄春天卡，一共五十五张，每张上面的话都不同。之所以要寄，是因为每年春天她的生日，她都会整整齐齐地收到他们送的五十五张生日卡，那些孩子们寄给了她密密实实的小幸福，而她也想送给他们一些春天里才讲的话。

从小巷穿过的感觉还是那么好。邮局前卖杂志的小妹妹在听歌，她找她借笔，又听到了《对手戏》——“第四个年头跨过就有解答，好聚好散缘尽一场”。

于是这一次，她一共寄了五十六张，五十五张给孩子们，还有一张是给他，几天后等他回到上海时，它也应该在上海等着他。它会告诉他她要说的，如果没什么非得延续下去，他们就好坏各一半，好的那一半是把过

去留给回忆，坏的那一半是他们分手。

这个决定并不冲动。刚才，在他转身远去的那一刻，她心里的一切就变得好透明，就像她从不怀疑他们深爱过，她也不会怀疑她现在的感觉是错的。他们都是喜欢持自己的方式去生活的人，他喜欢大感觉，她喜欢小幸福。

她的等待已经跨过第四个年头了。晚上她悄悄地把那枚寂寞的戒指放到了他的包里。明天，它就会随他去上海，以它永远美好的意义去期待一场真正的甜蜜对手戏。

每一枚戒指，上面都应该承载着两个人、四只手所演绎的心心相印、十指相扣的爱情对手戏，这样，爱情才会变得璀璨和不弃。

每一样首饰，都是有性格的：戒指是要说的，它总是忍不住要把誓言说出声来，让别人知道两个人之间的承诺全在它身上；耳环是闪烁的，一闪一闪地晃动着，让别人知道它和它同伴之间的那张面孔有多美丽有多生动；只有项链，是沉默的，它独自安静独自思索，并且最接近心脏。

字项链

那年她刚大学毕业，来到这个陌生的城市里，虽然不久就有了一份不错的工作，但是孤单从来不会因为你物质不缺乏就不来找你。

所以尽管公司里有条件不错的单身宿舍，她却只用来午休，然后在离公司很远的地方租着一间小屋，像个刚刚懂得叛逆的倔强小姑娘。

这样做，只是为早上可以匆忙一点，晚上可以向往一点，这样一来，心里就会闹闹腾腾的，不冰冷。

她每天都会在小屋附近的一棵梧桐树下等车，她会去得稍早，然后在来来往往的车辆行人中做一些对世景的猜测和遐想。但是即便她对每个行人在心里编的故事可以装满经过的每一辆车，她似乎还是觉得孤单。

直到她认识他。

那天她靠着树等车时，看着行人发呆太认真，没有感觉到后面有小偷将手伸向她的背包，他看见了，一路飞奔跑来，说给她听，问她有没有丢东西。

那个小偷下手没有成功，她检查过包后摇头，看着他时是一双警惕的眼睛。

他努力解释，解释得很多，到最后，都像是在跟她聊天了。他说他是街对面某大楼的监控室里的设备操作员，虽然工作才半年，却对那些屏幕充满了厌倦，那种厌倦是因为他总得把别人再正常不过的上楼下楼的行为当做工作，并为之警觉。他说如此安宁的世界，哪有那么多的错误是发生在眼皮底下的。他更喜欢看朝向大街那个方向的视频，至少，这个镜头里，每天每时每分经过的都是不同的人。

当时也不知道是为什么，听着他的话明明心里是喜欢遇到这样一个和自己那么像的人的，可她还是不说话，只用手指在树上比画。

他的眉头竟然顿时皱出一种心疼来，以为她不会讲话，在他正要也伸出手来比画时，车来了，她走了。这趟车上有两个熟女正在讨论遭遇过哪些类型的搭讪男，她听着听着就开始对刚才的经历释然了。

但是没想到第二天她等车时，他又来了。他掏出一支笔，在粗大的梧桐树上写下他的电话号码，并问她的，说要给她发短信。

依然是一种自己也不理解的原因吧，她把号码写给他，然后看着他把它们都墨成团，为了不让别人看见，她想他还真是个细心周全的人。

可是他却并没有给她发短信，只是每当她在树下等车时，他都会握着一支笔跑下来，在树上写字跟她对话。她好惊讶他这样，不知道是喜欢这种方式，还是喜欢捉弄他的心情，她一直配合他，也在树上对话。

这样一直坚持了半年，他们每天三言两语的，说过的话密密麻麻地写满了树干。渐渐地，她不孤单了，她也喜欢他了。因为他们虽然仅仅只是如此简单的交流，她还是能明白他们是这个城市里很相像很需要靠近的一类人。

转眼就到了她的生日，他是知道那个日子的。生日前一天，他写："我好想把明天要说的话写给你！"她的心暖暖的，然后暗暗决定，等他明天在树上写出他喜欢她时，她就开口说她爱他。

那晚一直在下雨，直到第二天还在淋淋地下，她比往日更早一些来到树下。满眼经过的都是各色的伞，像一场雨中的花季，这样的气氛，很适合表白的吧？她知道今天他要对她说什么话。

但是不知为什么，她等的那路公车，走了一辆又一辆，他还是没有到来。她突然觉得委屈了，她看着对面高高的他工作的大楼，眼泪漾漾地想，他肯定看得到她在这里，原来他想说的话是他其实早已无法忍受再这样跟她交往下去吧。

她没有去上班，请了假回到小屋，想好好睡一觉，然后准备收拾东西，明天开始到公司宿舍里去住。她再也不想来这个地方，经过那棵伤心的大树了。

但是她刚刚睡着，就接到一个电话，是警察打来的。

警察走后，她拿着伞，出了小屋，坐到那颗大树下。

原来昨晚接近午夜时，他正要准备半小时后和同事交班，却看到视频里显示三楼有异样。他以最快的速度赶下楼时，那个在电梯口因私寻仇的杀人犯正要骑上摩托车逃跑，他扑上去，扭打中，那人用水果刀捅了他几刀后逃走了。

那天那个同事因为下雨来晚了，他被发现时是在那棵树下，已经过去了一个多小时，已经晚了。他挣扎地爬行到那棵大树下，是为了要用水果刀在树上刻下“我爱你”三个字。

等到早上她来到树下时，地上的血迹早已没有了，而她每次都是等他来了再看他在树上写字的，从来没有先看字再等他的习惯。

警察受他的嘱咐来找她时告诉她，他是接近中午时才离开的。她后悔早上没有先看一看这棵树，看了的话，她一定会去楼上找他，那么他最后一定会亲耳听到她要对他说的话。

天黑了，她离开前，也在树上刻下了“我爱你”。他曾经幽默地逗她开心地在树上写：“每句话都是大树的项链，这棵大树会不会哭啊，因为项链太多了，它会被压得患颈椎病的。”

现在她知道，大树只会疼，它有多疼，她就有多疼。

别的首饰，都是单戴，只有它，要成双。就它们彼此来说，或许也是一场彼此的用心牵绊吧。

用心的牵绊

他说他受不了她对他的处处管制，不辞而别回到他自己的城市。

她没像以往那样跑去追回他，独自痛苦一些日子后，她领养了刚出生三十天的转转。刚开始她叫它“球儿”，混熟后，她一回来它就围着她转，没事儿它还喜欢追着自己的尾巴转，所以她才叫它“转转”。

转转很快就半岁了，长得不怎么大，却和她越发亲密起来。

有一次在天桥它险些丢了，那以后，她总想着用什么办法能让它丢了也能回来，这么复杂熙攘的城市，它不可能自己找回家。

一天晚上睡觉时，她被耳钉顶伤了，早晨醒来，在伤处擦了碘酒，取下它们放到盒里时，看到了上面那两个刻得极小的“LOVE”，心里一下就感伤起来。那是认识没多久时，他送给她的，本来她不喜欢耳环，但是因为是他送的啊，所以她总是戴着。

她爱他，以至于爱到他的一切她都管、她都用心，却不知他从来没有感激，甚至还讨厌她这样，或许，只是她在用心、她在爱而已。

现在，他都离开她那么久了，她是该取下他送的耳环了。现在送它的人离开她了，耳环也就同他还没来到自己身边时一样，是所有首饰中她最不喜欢的了。

但是，她觉得转转倒是需要一个。

她去了一趟首饰店，请师傅做了一个刻有她电话的银质小环，让宠物店的医生穿在转转的左耳上。曾经，他用耳环让她记住他的爱，如今，她也用同样的方法让转转记住她的家。想想有点可笑，也有很多无奈。

可是，又一次在天桥，转转还是脱链了，然后走着走着就丢了。那些天，她整天都握紧电话，以为好心的人会打给她。因为凭转转的耳环，拾到它的人应知道它对她很重要，而且转转只是只不名贵的小狗。但是一个月过去了，仍没转转的消息。

有些东西一旦珍视到非它不可，那么它的丢失就会让人很痛心，会让人希望奇迹降临。每次外出，她都会留意所有的白色小狗，看到一只就会追上去看个究竟，看它是不是转转。

三个月后的一个下午，她从超市出来，刚走完台阶，眼前就有一团白色晃过，她的心猛然一惊，下意识地跟了过去。一个女孩后面跟着的，真的是她的戴有耳环的转转。

她再跟近些，以为它会认出她，毕竟它从小就跟着她，那么久。可是它只是警觉地看了她一眼，就又紧跟着那女孩向前走了。她对于它来说，只是一个没有敌意的陌生人而已。

她没有再上前，也不想去找女孩讲清、赎回转转。

转转忘记她的理由，一定是它现在生活得更好；而她丢失转转的理由，则只是因为她比女孩对它用心，多用了一根链牵住了它。

她开始意识到，自己的爱，在自己这里再对，在别人那里也是错的吧。因为多年来，她真的一直就以为，心爱的东西，越用心就越是自己的。可没想到，爱情、婚姻，它们都不是，就连小狗转转也是要拒绝她的用心良苦的。

有时候，用心就是牵绊吧。

自从有了这种能把小腿也穿进去的鞋子，我相信，这世界上的女人就又多了一种对于美丽的挑剔。女为悦己者容，每一份挑剔，都是因为要美丽给那个人看，都是因为想要美好到一直拥有幸福。

节日的质感

面对感情，她曾是那样迁就于他，那样彻底归属于他。

他从来不喝饮料，说里面有添加剂有色素还有防腐剂，于是，她立刻买来榨汁机，买来各种水果，天天给他打最天然的果汁，每一天的配方都不一样，但是每一杯的味道都很纯正。

他不屑她爱看的韩剧，就喜欢看赵本山喜欢看乡村剧，于是，她像只小猫一样，总是依偎在他怀里，陪他看，他笑，她也笑，偶尔在同学同事中不小心说了句剧中台词，被他们笑老土时，她也不计较。

她当然不是没有自己的爱好兴趣啊，只是她太爱他，爱得只想站在他的喜好里，和他心心相印，为此，她可以没有自己，她可以为他将自己也变成他。

去年秋天，他无意间说了一句她穿靴子一定会漂亮，因为她的腿又直又细。她听了后，便如同得到了圣旨，立刻去找靴子。

她其实是喜欢中性打扮的，总觉得那样休闲随意，但是他喜欢女人味足一点的女子，她只好努力。

她上网，浏览网站，她要找一款最好看的靴子买来穿给他看。

好看的靴子实在是太多，在QQ上，她一个链接一个链接地发给他看，问哪款好看。她等着他的回答，等着他的喜欢。

可是他竟然都说不好看。她有点失落，最后他说了一句："我觉得紫色的还行吧。"

为了这句话，她又立刻到处去找紫色的靴子。

她怕在网上买了回来有色差，便放弃在网上寻找。好几个周末，她的双脚都扔给马路，挨店挨铺地找，可是全皮的靴子似乎很少有紫色的，对于靴子来说，黑色和咖啡色永远流行，而她对皮革颜色的喜欢，永远是咖啡色。

但是她还是要找紫靴子，找他一定会喜欢的紫靴子。大概老天也被她感动了，那天在一个大商场，她终于找到了它。深深的紫色，外国的品牌，全皮，两千多块钱。两千多就两千多，她真的决然。半月薪水换回沉甸甸的心愿，多好。靴子抱回去了，她却藏着，不舍得立刻就穿，因为新年就要来了，她要在节日里给他这一份惊喜的颜色和美丽呀。

可是还没等到新年，还没等到她穿上它，他就因为项目做完提前休假回南方老家了，他上了火车后才给她发短信说春节后再回来。

她说好。她把靴子拿出来看了看又放好，在心里数着他回来的日子，然后又开始激动不已，因为他告诉她的他要回来的日子是农历，是正月，她翻开公历一看，那天刚好是情人节呢。

在那一天穿上它不是更好又是什么？

情人节终于盼来了。当她穿上几乎看过一百遍的紫靴子去找他时，他的同事告诉她说，他传真过来辞职函，说在南方有工作了，他直接去南方了。

可是，他没跟她说。

情人节那一整天，她都穿着那双高跟的靴子在路上走，不停地走，她用心那么久，她等了那么久，现在她只想一次穿足它，最好穿坏它，然后再也不要它。

天黑的时候，她的脚走疼了，可靴子还是没坏，原来它的做工比它的

颜色要质感许多。所有颜色中，紫色其实是一种暖又不够红、冷又不够蓝的颜色，它本身是没有属于它的质感的，总是要借用红蓝两色来调配。

这个情人节，她孤单得只有脚下的一抹紫色在陪着她，他的分手连一个字都没有说给她。

终于走回到了住处，在楼道门前，她脱下靴子扔进垃圾筒里，像买它时那样的决然。

上床睡觉时已是凌晨一点，情人节已过去，瞬间她便有了回首的感觉。一回首便明白，在过去的时光中，选择的颜色可以是没有质感的，选择的爱也可以是没有质感的，但是从此选择的生活却不可以没有质感。刚过去的这个情人节让她知道，她的生活，就只在她自己的速度和习惯里，与别人的无关。

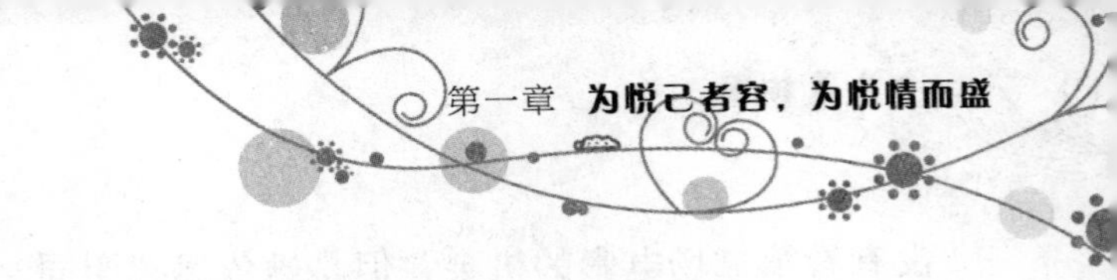

女人们那些有关美丽的小梦想、小甜蜜还有小幸福，高跟鞋一定都知道，女人们走过的路，经历过的故事，高跟鞋一定也知道。

高跟鞋，与女人一同分享经历

十二岁的高跟鞋——一场照片秀。

那天，同学向哥哥讨来了新的相机，高兴地跑来找她，然后整个下午，两个小女生，就如同刚修炼得道的小妖精，把她们觉得好看的衣服几乎都穿着拍了一遍，最后把眼光投向姐姐新买的连衣裙上。当时的她们，才一米五，连衣裙很漂亮，可裙摆拖在了地上。最后，带着一点心跳一点惊喜，她又想到了姐姐的高跟鞋。那年她十二岁，那是她的脚与高跟鞋第一次在一起。那张照片至今还在她的相册里，除了她和同学，就只有那双再也找不到的高跟鞋知道。当年它们对她们来说实在是太大了，她们是足足塞进去四块手绢才让脚后跟落在它们的最高处，虽然看起来还是那么不协调，但是高跟鞋带着两颗天真的心偷偷地美丽过。

十八岁的高跟鞋——初恋约会。

她喜欢的他终于约她在电影院门口见面。在大一女生宿舍里，她着实犹豫了半天，她知道这样的约会，她一定得穿她最心爱的白裙子，平常她一直拿它配她的白球鞋穿，许多人都说很淑女，可是那天她迟迟不肯将脚放进去。他的个子很高，她怕自己那样近地站在他的身旁显得太矮小。那天的电影不太精彩，但是他坐在旁边令她感觉很甜蜜。虽然他们后来再也

没有看第二场电影的机会，但是她依然感谢同学那双白色的高跟鞋，它磨伤了她的脚，但是没有让她失落得更低。那是一双甜到忧伤的高跟鞋。

二十一岁的高跟鞋——盛宴从此开始。

她领到的第一份薪水，是一千零十三块，她带着它，去买了两双高跟鞋。一双黑色的，一双淡粉色的，黑色的有水钻，淡粉色的有个小小的蝴蝶结。她已正式开始她的职业生涯了，所以，她不能再只穿运动鞋加牛仔裤了。它们配合着那些职业正装，每天都给她新的自信，一个月、两个月，一年、两年，她的工作做得越来越好，她的高跟鞋也越来越多，它们每一双都带给她漂亮的自信，她的鞋柜里，从此开始上演一场高跟鞋的宴会。

二十三岁的高跟鞋——美丽受伤了。

他是律师，她喜欢与他一起散步，喜欢穿着高跟鞋踩着和他同节奏的步伐在街头走，从行人回头的目光中，读到他们一起构造的和谐还有美丽。但很快，她与律师分手了，因为在他的身旁，不知何时，有了另一双高跟鞋。那一双的款式总是比她的大胆，它们与他的距离更快地被拉近，她在后面落下，直到与他彼此感到陌生。那个秋天的风很凉，她的高跟鞋成了寂寞的高跟鞋，它们每走一步都带着她的孤单。

二十五岁的高跟鞋——蓝色的悄悄话。

她带着她的高跟鞋去海南度假，朋友笑她，去海南带三双高跟鞋，真是太另类，那里只有运动鞋和沙滩鞋的身影。朋友是对的，在海边，她的高跟鞋坏了。但是有一个笑容如同阳光的男子，他向她伸过手来。后来，她的一只手提着她的高跟鞋，一只手被他牵着走，直到海面上浮起晚霞。不知是什么时候，提着高跟鞋的手换成了他的，她不知道，他也不知道，但是她的高跟鞋一定知道，它们一定是想告诉她，亲爱的，这才是爱情。

二十六岁的高跟鞋——很红，很幸福。

这个夏天，她穿着红色的高跟鞋，做了有着海洋般眼神的男子的新娘。

就这样，她和她的高跟鞋，从十二岁那年开始相约，数着年华，走过了一长串精彩的从前，有过天真有过忧伤有过甜蜜，似一场场的烟火表演，似一部部经典的老片，不管是什么，它们都装在那一双双高跟鞋的记忆里。

我一直记得我的第一个MP3花了五百块钱，小城没有，我还特地跑到市里去买。然后它陪我走路，陪我睡觉，陪我打发了许多无聊的时间，还帮我记住那一首首会被我们设置成单曲循环的歌。

我爱你，是信仰

等车时，他和她又为一点小事怄气了，然后互不答理。以至于车到了，他只顾自己，噔噔地跑在前面，带着怨气在车上唯一的那个空位上坐下来，把她扔在过道里，随着车一直摇晃，怎么晃，他都看不见。

她虽然觉得委屈，但是觉得在车上说这个不好，要不然吵起来了，他没面子，也会让大家看到她这个可怜虫。

可是，她还是当了可怜虫。

她找遍包里每个角落，都没有零钱，她看看他，犹豫了一下，还是叫了声“大宇”，说她忘记带零钱了。他离她又不远，肯定听到了，但是他没有应声，只是稳稳地坐在座位上，眼睛看着窗外。

她咬着嘴唇，拼命忍住眼泪，递给售票员一张五十元的。

听售票员细细地给她数找零的钱，她觉得他的身影更冷漠了。当售票员数到四十八时，有一双手，忽然递过来一枚硬币。售票员愣了愣，很快明白这人是觉得为一块钱把五十元找零不好，而刚好他有一块钱，就帮忙给一下。售票员把那五十元钱还给她，还替她对那个人说了一声谢谢。

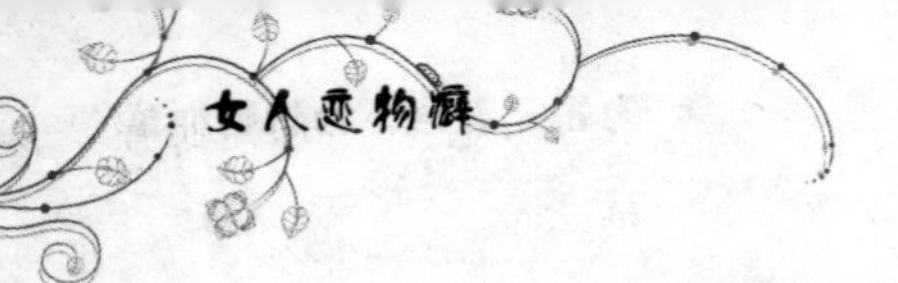

她哭了。如果不是和他闹别扭，而他又那么小男人，她怎么会被这一块钱里那陌生的温暖感动得掏纸巾。

几天后，如同之前每一次闹别扭后一样，他们和好了。他们总是强迫性地和好，然后依然又为很小的事吵，又吵到冷战。

偏偏她不长记性，还是不喜欢在包里放硬币，他也还是和她赌越来越久的气。真是巧，同一路车，同一件事，她的钱再一次被那个人从售票员手里换回。

她知道了他叫江城，后来留心才发现，他们几乎每天都在同一时间里等那路公车。难怪那么巧。

男友眼里的柔软越来越少，而江城的眼神却在小心地追赶，她想逃跑也逃得很不好，总是很快地赧然红脸，一直红到耳钉那里去。

男友到底是说穿了，说他爱上了别人，在半年前。

就这样，他以前还只是把她扔在车上，而这一次，他把她扔在这个城市里，他一再坚信，他在别处的将来肯定要比这里的刻骨铭心。

她哭过，哭红了眼睛后又笑自己的傻。

从此在站台，她总会蹲下身来，低头数偶尔经过的蚂蚁，是因为要等的那路车太难等，更是因为孤单太可怕。

直到有一天，这个动作，因为背后的温暖，不再是孤单，而是安然。

因为江城，每次总会站在她的身后，不打扰她，直到车来了，才会说一句："咱们走啊。"然后等她起身，等她先走，而他总是在她身后上车。

仿佛是因为有人替她等着车，她不用时不时地张望，她再蹲下来在地上看蚂蚁们时，会戴上 MP3 的耳机，安心地听歌，车来了，他会取下她的一个耳机对她轻轻地说"咱们走啊"。

日子一天天这样地过着，时光宁静得仿佛醒着一般。她想起一部电影里的台词：没有任何要求，却又有那么一点点的期待。她知道她也是了。

但是，那天她到站台后，蹲在地上一直等到车来，江城都还没出现。要等的车来了，她没有上车，她打电话给领导请假，说病了。然后却继续在站台等，听歌，安然得仿佛是一个哪里都不去的人。

终于，她耳朵里的歌声，变成了江城的声音。他从后面取下她的耳机，把伞给她，说今天要下雨。

她接过伞，高兴无休止地弥漫。原来，他是又回去帮她拿伞了。尽管他没说，但是她知道就是那样。

春天过去，夏天过去，她在 MP3 里一直重复听着一首歌，等他的表白像小鹿一样撞到她心里来。他的关怀越来越细密，可他却越来越不敢看她。

好几次车里人多，他们都站着，站得腿酸，她便取下一个耳机，递去让他听她的歌。他拿过耳机，举到耳边听听，却又会给她轻轻戴上，好像她听的歌，他一点也不喜欢一样。那一份不经意，让她再听歌时就心情沉重起来。

情人节那天，他们上车后坐在一起，她在歌声里等啊等，侧脸望着窗外，她甚至还在心里想着他今天可能要对自己说的话，然后脸就害羞地红了。

可是，红了的脸，却只能在失望中一点一点地褪色，她把一整条街都看穿了，他也没有开口。他明明是爱自己的，明明是。

"江城，我爱你，就挂在脸上，那是多么清楚多么坚固的信仰，你还不明白吗？如果你不明白，那么，你不是几次拿起我的耳机听到了吗？那里面一直唱的就是阿哲的《信仰》啊，我是在为你听它。"

下车前，她转过身来，低着头红着脸对江城说。

然后，当她抬起头时，竟然看到，江城的脸也红了。

第二章

情到深厚处，独字也信物

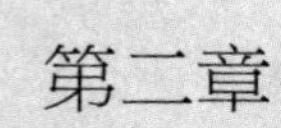

引　言

有人说，上帝是公平的，只要是心中有爱的人，他或她的这一生，上帝总是会安排给他们一场盛情，为的是让他们更加懂得情是什么。

于是，在他们的经历中，在他们的懂得中，就有了这些：

有的一见钟情，两眼相望，电光石火，刹那芳华，灿烂到所有的理解，都是那么集中又强烈，拥有这种感情的人，不在乎天长地久，只感谢曾经拥有；

有的心心相印，彼此知己，明明是自己的心，却做成一半是自己的，一半是对方的，仿佛这样才是彼此交融，让对方在自己的温度里变得透彻，让自己在对方的温度里得到寄托；

还有的，却是一生交付，只要认识了那个人，只要认定今生与他或她相关，便完全没了自己，便至死不渝，终生为那个人欢喜言笑。

不管上帝给你的是哪一种，只要爱过，你就一定知道：情到最深处，连玻璃都可以是宝石；情到最深处，连心也会长满皱纹；情到最深处，哪怕是对方身上的一粒纽扣，也可以是你们之间守爱守承诺的信物……

其实我挺喜欢叶芝的，但是他有一句话，我不赞同，他说：“奈何一个人随着年龄增长，梦想便不复轻盈。他开始用双手掂量生活，更看重果实而非花朵。”我觉得，多老梦也要轻盈，多老也要看花朵。这世上最老最美丽的童话，就是如此，在两双爬满皱纹的眼睛里，在彼此敬爱、彼此感恩的眼神里，如同一整座高山上的苍松在对一整座高山上的翠柏感召对望，它们同他们一样，永恒在对彼此完完全全的信仰里。

最老的童话是苍松望翠柏

这个故事，美得心酸，美得像深层矿。

他们三十年前就认识，一个胡同里的，他在这一头，她在那一头。这一头的他，总是会等着那一头走来的她，一起去上课，去看电影，去郊外的小河，去很多地方。

他本来不是喜欢惹是生非的男孩，但是若有谁带着惹是生非的眼神看她，用惹是生非的语气跟她讲话，他就成了这七大街八大巷子里最爱惹是生非的坏小子。没有谁记得清，他为她打过多少次架，要过多少回横脾气。

只是每打一次架，他的手臂上或是其他地方，都会有伤痕，即使后来痊愈了，根本看不清印记，但是她仍能看得到。她总是记得，那一次，他的左手臂外侧有过三条痕迹，那一次，他的右手腕内侧有过两条。她说，他疼，她也疼。

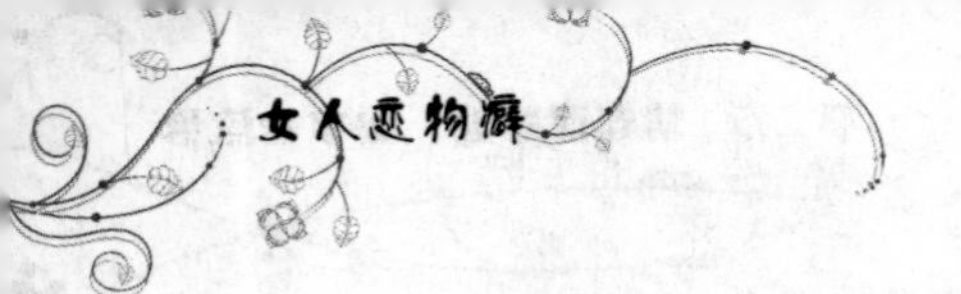

后来长大，他不再动不动就打架斗狠，他们都变得非常优秀，一起上同样好的大学，学同样冷门的地质专业。四年的时光，同样是他在教室或是食堂或是湖边的这头，等着从那头走过来的她。

大四那年，他们分别在不同的研究所里实习，分别住在靠近各自研究所的小出租屋里。每个周末，依然是有一个人从那头走到这一头来相聚，只是从前等着的一直是他，现在等着的是她，他说大半个城的路程，太难走，还是他来。

在实习快要结束的时候，有一天晚上，她的房东找到出高价的新租户，半夜让她搬走。他知道后，跑了大半个城，用大大的包把她的“家”搬到自己的住处，然后再用那个大大的包，把自己的“家”搬走。凌晨两点，他走时，跟她说他会在朋友家安家，反正只剩下三天实习期就结束了，跟朋友挤一挤。可是直到他们要一起返校的那天，她去找他一块儿走，才知道他这三天都在火车站里睡觉。她心疼得直哭，生气他怎么这样苦自己，就是在实习单位的办公室里凑合几晚也是好的。他却说，这是人生财富，不是谁都有幸体验的。

毕业后，谁都说他们从此就会在一起，然后有一个家。就连双方的家人也是这样认为，在他们回家时，他的家人对她说，她得帮他把把关，找一个像她这样的女孩做媳妇，她的家人则对他说，把她交给别人还真是不放心，别人可不会像他那样让她不受欺负。

这些话，字字都在盼望着属于他俩的那个决定和黄道吉日。

可是那时候，要不能在一起，会有很多各种各样的非遵循不可的原因，要在一起，从来不是说说就可以。他们都是在校优秀生，还是党员，都得服从分配去不同的城市。

他们相信，组织总是会考虑他们的难处，有机会的话会把两人往一块儿调动的。但是很多人都说，做矿石勘测的人，太投入的话，自己便会成了矿石，只存在于山间寻找那些坚硬和深层的东西，不知道为自己寻找生活的草木花香。他俩竟然都是如此，他们青春的热血沸腾，不是彼此交融，而是同样脚踏山脉。渐渐地，他们便只有对方的影在心，对方的心在心，

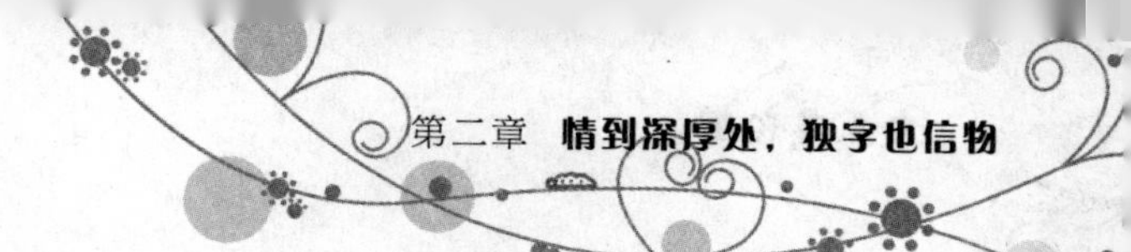

而身在哪里，不太重要。其实也不是不太重要，而是知道，对方除了在山上，还能在哪里？

他们之间唯一的一次浪漫，是两人三十八岁那一年，她在西部的一座山里找矿石，然后知道他竟然也在附近的山里。于是第二天下午，她站在他们队所在的山头，喊他，一遍又一遍，回声响起。他站在他们队所在的山头，听到后，也喊她，一遍又一遍，回声也响起。回声是有延时的，他俩的声音在两座山之间的上空碰撞出了想念和无奈。

这样许多年过去了，直到把自己过得安心得都没有七情六欲，直到两人都退休，他才从他的城市坐火车来到她的城市。

得知他来，她到火车站等他，无比安详地等着他。

当那位满头白发的老王子，终于和她这个穿灰衣服的老姑娘手挽着手时，便有了这世上最老最美丽的童话——在他们那两双爬满皱纹的眼里，那彼此敬爱彼此感恩的眼神，如同一整座高山上的苍松在对一整座高山上的翠柏感召对望，它们同他们一样，永恒在对彼此完完全全的信仰里。

信物是两个相爱的人，用真心和信任收藏的，它或许很普通，普通到放眼皆是，连走路绊脚的都是，但是，即使全世界所有的人都说它不过是一粒石子，只要它被爱情相信，被爱情信仰了，那它就是珍宝。

玻璃宝石

他来胡同的那个下午，她正站在门边，弯着身子，侧着脸，梳刚洗好的头发。他阳光一样的面孔，看得她心里暖暖的。

他是来替朋友打听一个人的。她听了后，进屋用一条紫色毛巾包好头发，就带着他一家一家去打听。

胡同是有很大忘性的吧，一百三十一户人家，他们整整问了五天，都没有打听到他说的那个人。

但是胡同里的她却不是有忘性的。他离开后，她变得更爱洗头发，喜欢在头发被捂得半干时解开毛巾，头轻轻地摆，让如云的头发从头顶翩跹泻下。因为那个下午，她的头发感觉到他的手后，她转过头来，他看着她说，她的头发会跳舞，跳得很婉转，那婉转会牵手。

她不太知道他深深的眼睛里流淌的是什么，她只是希望自己快点长大。

暑假快要结束的时候，他又来胡同了，背着大黑背包。她问他是有新的线索了吗，他笑着说只是来看看她。又离开的时候，在胡同口的斜坡上，他双手撑住她的肩膀说："记住，别离开胡同，要不然，此后余生，我也会来说一个故事，然后挨家挨户地叩门，问你在哪里。”

她不语，心飞着，像乘梦一般，直到他抓过她的手，将一样东西放到她的手里。它翠绿翠绿的，光润得像他的指甲，又像他的眼睛。

但她不敢接，疑惑地问：“它对你重要吗？是玻璃的吗？”

他说它不值钱但对他很重要，小时候去郊外玩，在泥里挖出它来，也以为挖到了宝藏，但细一看就知道是一块很厚的绿玻璃，是什么瓶子的瓶底儿吧，于是把它敲成圆的，用砂打磨成椭圆形，只因捏得太久，才有这样的光华。

他就这样走了，她像守护家园一样守着十七岁里有如宝石一样的一个玻璃球，一个亦如宝石一样的词——此后余生。

但是仿佛胡同总是会丢失一些记忆的，他，一直都忘记来找她。

她上大学了，后来又工作了，每次回胡同，都会把那里的孩子们约到胡同口的斜坡上，给他们带去许多像玻璃球一样的糖，听他们叽叽喳喳地说胡同里见到的新事新面孔，但没有有关他的。

当年的那件事就像石板缝中的几星小花蕾，在深秋的寒意里顽傲地想绽开，努力了却一直都开放不了了。她突然怨起胡同的记性，总是记不住一个故事，给不了一种结尾。

三年后，她终于嫁人，再后来她怀孕了，因为新生命的来临，她渐渐地在心里淡忘了有关他和她的此后余生。

但是怀孕第九个月时，某个星期六，她突然很想他，因为她知道当她的孩子出生后，她真的就要永远地忘记他了。于是她又买了许多许多糖，好看又好吃的，让老公帮她去看看胡同的孩子们。

孩子们很聪明，给她写了很多字条让她老公捎回来，每张字条都折成可爱的小屋、纸鹤、船等等，她靠在床上，一个一个地展开，每看完一个就又高兴地照着旧痕折回原样。

李家孩子说姑姑的糖像梦一样甜；张家老二说他爸学开出租车了，等学会就像姑姑的老公一样自己开车……最后一个纸条没有特别的样子，上面只有随手画的画：一个背着书包的小男孩弯腰在拣门下露出邮票那角的一封信。

孩子没留名。她看着它哭，哭着蹒跚地走出家门，拦车，走到胡同去。从胡同口开始，她就分别叫着孩子们的名字，出来应一个，她就俯下身问：“姑姑的信呢？门下的信呢？是谁捡到了？还给姑姑好不好？”

她脸上的眼泪一直都没有干，她的腹部高高地隆起，这让她俯身的那个姿势看起来让人既心疼又难过，出来的孩子们一个个都怯怯的，都吓住了，不知道怎么说话才好。

她一遍又一遍地说：“不管是谁拿了姑姑的信，姑姑都不怪，好不好？只要把信还给姑姑。”

周家的孩子哭着转身跑开，她松了口气：定是他了，是他捡了他写来的信。

孩子跑回来，递给她从中对折的信，它边上有些黑，起了毛，有的地方还裂了小口。

她的手紧紧地捏住它，往回走，走得很慢很慢。

那封信是跟他同在地质队的朋友写来的。那位朋友说是前不久整理他的日记才知道他生前最惦记的人是她，他爱她，他一直在等她长大。但是五年前，他在野外做勘探时，遭遇意外，不幸离去。

看完信后，她只觉得胸口疼，撕心裂肺般地疼。那晚，她被送到医院，生了个女孩儿，像她。

胡同里的孩子们在接过她老公送来的喜糖后，挨家挨户地去说姑姑生了小妹妹。如同当年包着紫色毛巾的她带着他，一家一户地去讲述与她和他都无关的陈年老事。

孩子一岁时，她带着孩子去珠宝加工店，让师傅把那个椭圆形的绿玻璃钻孔，挂在她的项链上。她抱着孩子在店里等加工时，看着窗外的大街上来来往往的人，想到这世界上早就不再有他的身影在阳光下行走时，便又觉得心痛，只能抱紧孩子求得安慰。

老师傅按她说的弄好后，叫她，帮她将坠子穿上项链时说了一句话：“小姐有眼光，这是我近几年来见过的最好的绿宝石。”

她泪如雨下，不停地点头说：“我知道，我知道。”

它长也好，它短也罢，只要它白纸黑字地存在这里了，它就是一颗滚烫的心，一份深挚的情。是他写给她的也好，是她写给他的也好，都被她喜欢，刻进心里，随时想读了，想听了，都会从心里拿出来，背给自己听。

等不爱了，就好过了吗？

Y：

嗨！我真是不知道，今天会写这样一封信给你。

这段时间，我们没有像以前那样，见面时即使不说话，也有眼神的默契。

你在躲闪，而我，更是如此。我不敢抬头看你的眼睛，因为我害怕我抬头注视你时，你并没有看着我。你好忙，就连眼神也是。

今天，在一本书上看到这样一句话，说如果每天有八小时以上的时间在想同一个人，那么就表明，你已经爱得没有你自己了。

当时我就落泪了。这么长时间以来，我一直在寻找原因，为什么整天满脑子里都是你？我以为只是我想你，只是因为我想你而做不好其他的事。现在我才知道，原来我是没有了自己，所以才全是你。

其实我自己也不知道到底有多久了，我的内心总是难于安宁。有人说，因为这世间每个人都渴望爱，因而去爱就是一件让人内心得到安宁的事。

我并不认为是这样的。那种安宁，只是在承认有爱的时刻才有，而整个爱的过程中，心是一刻也得不到安宁的。像我，每一天，对你的想念都

天马行空，以至于你的丝毫风吹草动，在我这里都是伤筋动骨般地随你忧伤，随你欢笑。

每天都是如此，想着你入睡，想着你醒来，想着你走路，在想着你时看着时间从想念里流走。你看，你看，我的样子都如此了，爱，它怎么会是一件让人内心安宁的事呢？

如果有人问我爱一个人的滋味，我真的会说，未爱以前，我真的真的不知道，爱一个人，原来是这么苦的一件事。

那是让心澎湃汹涌、百转千回的苦，它无以言表，发自内心，又被心统统收回，然后又释放给自己，然后又收回，反反复复。

这些，你知道多少？理解多少？若是知道所有，可又能理解所有？

正是因为得不到你的回答，所以这种苦，让我一次次告诉自己，等到不爱了，也许就好过了。不爱了，就不会有任何期待，不会等你出现，你出现了又不愿你离开；不爱了，窗口吹来的风就是风，不再是想念，不再是你不来时我的空白；不爱了，流走的时光就流走了，不会再倒退回来成为回忆，让自己的心一再阅读；不爱了，我就有我自己了；不爱了，也许心真的就安宁了……

只是，我真的能够不爱了吗？

我可以做到像个失忆者一样，把与你有关的点滴，那么多自己觉得美好的时光一抛而光吗？我可以把“我爱你”——这个生命中最勇敢的信仰永远放弃吗？

不行的，不行的。

所以你看，我在对你诉说了这么多爱你的辛苦后，我最后只是要承认，我爱得再苦，我还是爱，我仿佛只是为了向自己承认，爱你的那般苦，其实是美好。

于是，这一刻，仿佛所有的沉重都放下了，而此时此刻我的内心真的是很安宁地懂得了，爱，从来都不是一件要让人好过的事，爱，从来都是一件要让心承受世间所有滋味的事，那种承受，集中又反复，载哭亦载笑，很苦，但是让我愿意宿醉其中。

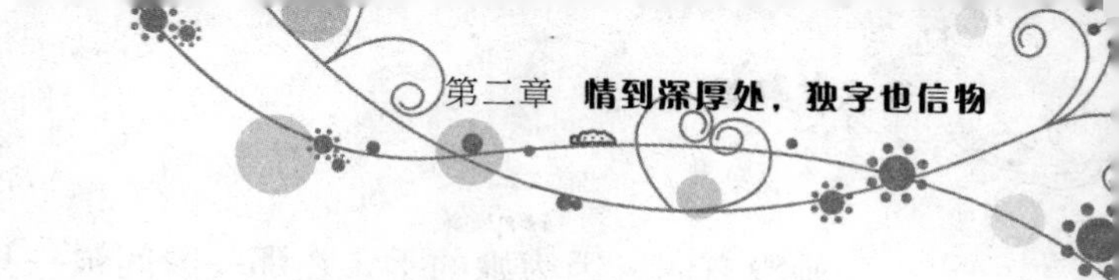

它是世上最干净的爱情，除了把爱给予那个人，剩下的一切都被暗恋者独自承担，不计得与失、不计眼泪和欢笑、不计岁月、不计结果。如果两万次的皱眉可以形成一道皱纹，那么暗恋者的皱纹长在心上，道道深刻，如同年轮。

暗恋是心的皱纹

那趟旅行回来，她就辞职了。

许多人都惊讶，这么好的工作，得之不易，若是非要裁员，十个人中，十个人大概个个都会削尖了脑袋想方设法留下的。

但是她还是义无反顾地走了，为了他。

他是那趟旅行中的导游，高高的，黑黑的，普通话并不太标准，但是很幽默，而且说话不紧不慢的，很有一翻独特的韵味。

刚开始，他的幽默并未让她喜欢，每当他制造一个笑点，车里的人都笑开时，她不笑，只是扭头看着窗外。当时她只觉得，这不过是一个导游该有的技巧吧，不然漫长旅途，如背书一般地讲解，实在是无趣。

突然就喜欢上他，是在过一条隧道时。

隧道很长很长，灯少，而且昏暗，每走过一盏灯后就会有一段漆黑，像挥之不去的间歇性的梦魇一般。或许是路面上有石块没清理干净，车在经过某一段时，猛烈地颠簸了一下，那种要倾倒的感觉，让车上所有的人都本能地尖叫起来。

她没有叫，因为她的手，在那一瞬间被一只手紧紧握着。是他的手，那个时刻，他刚好站在她旁边，在向大家说着出了隧道就会有什么景点。

那只手很大，她的小手被它的暖覆盖渗透。以至于接下来的旅程，他即使站得远远的，她也能感觉到那只手，那片暖。

她变得喜欢听他讲话了，不管好笑不好笑，她都会随性地笑一下。虽然没有跟他讲过一句话，但是她的目光已经在别人毫无察觉的情况下，悄悄地追随他。

最后半天的购物时间，他不像别的导游，为得回扣会热情地向游客推荐纪念品，大家买东西时，他一直拿着那面小旗，在一只石凳上蹲着，似乎在想什么，把那面小旗拿在手里转呀转。

不知为什么，她突然就喜欢他了，这种情愫的迅速生成，怪异得让她自己都不懂。他目光迷离的样子，让她心里竟有点酸酸的感觉，他是在想念他的女朋友吧。

莫名的嫉妒，莫名的赌气，回程的车上，她竟然一直闭着眼睛，不想听他说，不想看他说。

但是怎么会想到，回来时他会把他的相机递给大家看，递到她面前时，她看到是她的照片，被拍得极美，很专业的角度。

在一片赞扬声中，他跟大家解释说，他不是专职导游，而是摄影师，刚好有客户有意去那里拍外景，他便把景点资料背熟了，来客串导游了。

她最惊喜。

回来时经过长隧道，她都觉得隧道里是清香的。其实她知道，自己一点都不美，但在他的镜头下，她化茧成蝶。每个女子都是自恋的吧，在穿出隧道的那一刹那，她决定要去他的工作室。

原本只是想拍一组写真，但是去的那个下午，他出外景去了，工作人员正在装一张大幅照片，她驻足观望，由衷地说真美。她的话音刚落，一直坐在窗边轮椅上的一个女孩突然说："谢谢！"

她惊呆了，原来女孩是巨幅照片上的原型，他竟然可以把一个没有腿的女孩拍得这么完美，这么自信。

她回去就辞职了。

两天后，她成了他的工作室里的化妆师助理。化妆师助理有一个好处，就是闲暇时，会给化妆师当模特，让化妆师尝试不同风格的妆容，让摄影师不停地拍。她喜欢在拍摄的过程中，他眯着眼睛，皱着眉，然后突现灵感地说："小傅，头再低一点，右肩再抬一点……"

许多人都说，她变美了。她的家里，每个房间里都挂满了他给她拍的照片，有时候，她会看着它们陶醉一下，会觉得，他在镜头里看她，应该就是她看照片时那样美好吧。

那种感觉很微妙，让她一直都不想离开他的工作室，让她一直都只想做个美丽的人。她从化妆师助理一直做到化妆师，最后做到首席化妆师。她跟他配合得相当默契，要求再高再另类的客户，都会在她的化妆技巧里和他的摄影技术里满意。

有不知情况的客户，会叫他老板，叫他老板娘。他们不作解释，都只是淡淡一笑。

或许真正美丽起来的女子，都是特别安静的。在这种美好的宁静下，日子也就过得特别快。当不少当初拍了婚纱照的客户回头再来拍结婚十年纪念照时，她才知道她来这里都已经十年了。十年啊！

十年里，他给她拍的照片，有上万张，厚厚的影集，厚厚的美丽，厚厚的心思。

那天，她三十三岁生日那天，有对夫妻带着孩子来拍全家福。她给女客人化妆，女客人其实很优雅，但还是显老，她很用心地想要帮女客人把额头的皱纹处理得完美一些，但是没想到女客人微笑着说："不用的，得让他记得我的好。"她不懂女客人的话。女客人解释说："我在书上看到的，说两万次的皱眉才形成一道皱纹，我是想让他算算，这十年，我为他操过多少心，愁得皱过多少次眉头呢！"

客人走后，她坐在化妆镜前，看着镜中始终是那么无可挑剔的妆，哭了。她都已经美丽十年了啊！她的脸上依然没有皱纹。如果两万次的皱眉可以形成一道皱纹，那么十年三千六百多个日子的期待和心动呢？她的皱

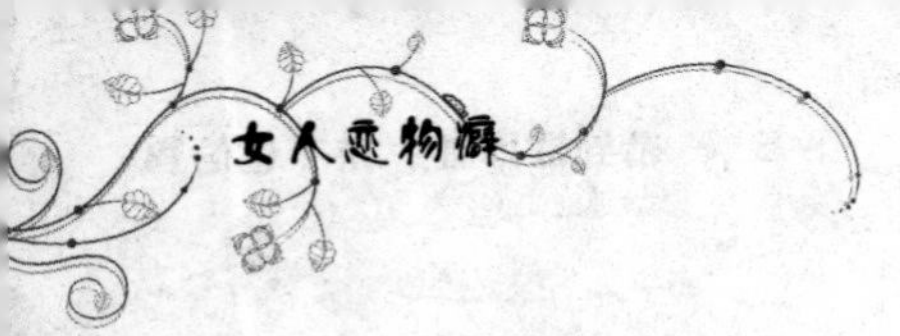

纹，在心里。

其实从她来工作室那天起，她就知道他已经结婚了，但是因为心动，因为心动后偷偷地期待，所以她坚持留下来不走。现在，她想要走了。

暗恋是心的皱纹，只有自己才知道它变老了心、变老了自己。

谁说最美的桌面只可以是分辨率最佳的景色人物图片？有时候，它也可以是守候和期待，比如喜欢《佳片有约》的人，CCTV6就是她的桌面，每个周六，固定不变，持续十年。

十年佳片

她的世界一直都很小。小得她常常觉得自己就是一粒小杏仁，而她的世界，就是那硬硬的壳，她躲在里面不愿出去，别人也不能轻易进来。

但是，再坚硬的壳，再闭离的城堡，也惧怕强盗。她遇到了他，喜欢上了他，他就是她的强盗。

他忧郁而深沉，冷傲又不屑。但是她对他的那份喜欢，却可以从来不约定时间，不管自己有没有准备好地就要掠夺着她的心。

他受了伤，有人说他可能会落下小残疾会跛，于是原先那些心仪于他的女人，一个都不再出现在他眼前。她收起自己全部的衣裳，来到他那里。

到时已天黑，他没开灯，脚上绑着绷带，月光下看起来有些可怕。她不怕，走过去，怕他不喜欢，也不开灯，借着月光，去烧热水，帮他洗脸、洗手，还小心地给他暖脚。

他不知道她因为心疼他在哭，他沉默着，仿佛她只是个义工。她问他饿不饿，他不说话，她就认为是默许，去给他做吃的，依然只是借着窗外的月光和燃起来的火光。

当热腾腾的面条端到他面前时，大概是不喜欢那上扬的热气打扰了他

身心俱伤后那种沉默的冷，他扬手打翻，然而就在那一瞬，她牵起了她宽宽的裙摆。

面条和碗都兜到了她的裙子里，热汤滚下，烫了她整整两条腿，她哭得一抖一抖的。

他惊呆了，好像明白了她这样是因为不想他烫伤他本已受伤的脚。他小声地说饿。

她惊喜地转身又去厨房，因为双腿火辣辣的痛，她的抽泣声想忍都忍不住。

这时，客厅里的灯亮了，厨房的灯也亮了，他坐着轮椅过来，用手将她湿漉漉的裙摆牵起，拿出一管烫伤膏，轻轻地在她的两条腿上擦拭着。那药让她的腿、她的心都不疼了。

他吃完面条，已是晚上十点。她坐在沙发上想歇会儿，他帮她打开电视，电影频道一个叫《佳片有约》的栏目刚开始。

她没想到准备去睡的他会留下来陪她看完它，那两个小时的默契，让她觉得，爱的脚步终于不止在她的心里徘徊，终于在勇敢走近了。

那以后，每个周六的晚上，他们都会一起看完十点的《佳片有约》，她边看边给他按摩脚。

一年后，他终于可以下轮椅了，但她的腿，永远留下了大面积的烫伤疤痕。

只是他的脚还有点跛，跟之前的意气风发相比，脚步不同，心也不同，他不愿出去，最多只是傍晚了在小区内由她搀扶着散会儿步。小区的人，都以为他们是夫妻。

每当有人这样说，他们都沉默。几年来，只有去帮他拿出衣服或床单来洗时，她才进他的卧室。他总是十点就睡觉，除了每周六晚上，因为她说，她只要他每个周六的晚上陪她看完《佳片有约》，就算是他对她的回报。

有一种骄傲就是长在骨头里的吧，五年后，他的脚彻底好了，他的骄傲也复活了，凭着以前的才干，他又顺利地杀入商场，赚钱又赚人气。

她没走，先前是因为她觉得他需要她，现在是觉得他的家需要她，她留在这里，还是做那些事，只是再没有给他按摩过脚。

这一做，又是五年。

十年过去，她不再美好了，更何况她十年前就不漂亮。

那个周六，他在午睡，有两个美丽的女同事来找他，她穿着家居服给她们倒水削水果，看他休息的时间结束了，才起身去敲他卧室的门。那两个女人嘀咕说：这保姆挺好。

他跟她们走后，她哭了，哭得心疼，就像十年前那碗滚烫的面条汤一样让她疼。

哭过后，她觉得只要他今晚再陪她看一回《佳片有约》就好，她整整照顾了他十年，他也整整陪她看了十年的《佳片有约》。或许，他们是平等的，今晚看完之后她就可以无悔地离开。

她一直记得他们第一次看《佳片有约》是1998年，那部电影叫《爱的脚步》，之后他们看过《贵在真诚》、《秋天的童话》、《缘分天注定》等等。

如她所害怕的，那晚他是吃过饭回来的，回来了洗了澡就关在书房里。十点时，她坐在沙发上，他没出来。

她独自看完了2008年4月19日电影频道《佳片有约》播放的《漫长的婚约》。接近午夜时，她开始收拾东西，想要在他睡下后悄悄地离开，就像当年她的不请自来一样。

然而，就在这时，他来到她的房间，递给她一个信封。她想或许是他发达了，要付她这十年的报酬。

但是她没想到，那会是一封信。整整十页，历数他们之间的十年往事，十年的《佳片有约》。他说："有十年佳片的夜晚，也就是我们一生中的佳片了，我们结婚吧。"

爱神如果有心情，他一定可以写这样一本书，把天下所有不离不弃的爱人间的小秘密都写下来，因为能好好地在一起，除了彼此相爱、承担责任、信守诺言外，还有一道永远不会明文的秘方，它只有他们自己和爱神知道。

背着你暖

她最喜欢的，是他可以做哥哥的年龄。

她是个柔弱的女子，很小的时候，她就希望身边有个哥哥。期待深了，哥哥的标准，在心底就扎下了根。哥哥应该戴着眼镜，因为眼镜让男生看起来干净，而干净的男生，内心总会有块柔软的地方。哥哥应该是大自己五到十岁，超过十岁，离她远，远得像长辈，就不是哥哥，小于五岁，离她近，近得事事相争，自然也不是哥哥。

二十二岁那年，她遇到了他。他刚好大她六岁，戴着薄薄的眼镜。她欣然，小鸟依人般和他恋爱，在他面前，她像个孩童般毫无顾忌地笑，有半点委屈就要哭，把所有的矜持都卸下，不讲理，只任性。

那时的他，真的就是哥哥吧。她哭时，他会紧张；她笑时，他会开心；她喜欢什么，他跑遍全城给她找；她不喜欢什么，他便也讨厌什么。她总是看着这个哥哥似的爱人笑，是啊，她觉得一切都那么好，有哥哥又有爱情的幸福，是上天给她多大的恩宠啊。

一年后，他们结婚了，婚礼上，她问他：“我很老很老时，满头银发时，你还会像哥哥一样对我吗？”他说他会。

只是婚姻，是个不怎么认得誓言、既理想又现实的怪东西，虽然在愿望中它总是美到终点，可在现实中它却长着一双老人的眼睛，在那双眼睛里，任何不切实际、不够生活化的幸福理由，都会被看轻、看俗。

婚后的生活琐碎了，一天又一天，他面对她的任性时，不再去纵容。她再没来由地哭时，他会心烦地走开，她再没理由地闹时，他会皱着眉头表示他的厌倦。

感觉一下子就变了，就仿佛一个怎么也长不大的小孩子，面对一个不断责怪自己的老人时的那种不知所措，连应对的表情都不知道怎么安排。这光景如同遇冷的两滴蜡汁，那种渐渐安静僵化的过程，彼此看得见，但是因为渐渐冷漠，而让彼此对对方的期待都无法到达，日子就这样乏味地向前走。

直到又一个夏天到来。这个夏季，空气又潮又涩，他重感冒了一次，好不容易好了后，却有了慢性支气管炎，频繁地犯，几乎是隔几天就要去打点滴。有个夜晚，因为太热，他们开着空调睡觉。半夜里，他又犯病了，比前几次厉害，又咳又喘。她关了空调，起床给他拿药，吃药后，他喘得稍好了一点，但是不一会儿，她迷迷糊糊地又听到他又沉又不畅快的呼吸。这种平喘的药，不能治病，药性一过，就又会喘。她说送他去医院，他说不，让她再给他药。不能这样吃药的吧，可是不吃药这一夜怎么睡得好？只得又递给他一粒。他如此艰难的呼吸和睡眠，让她哭了，第一次不是为自己哭，她在眼泪中明白，因为他年长她六岁，所以当她长大了，他就变老了。

以前是年长的他，哄着小小的她，而现在长大了的她，就要好好照顾变老的他。

凌晨三点时，他说后背凉，像是贴着一块冰毛巾。当时真是除了药什么办法都没有，但是他的这句话让她突然觉得大概是因为后背太凉，才总犯病的吧。于是她想给他暖暖背，只是这季节，用暖手宝、热水袋都不适合，要怎么样才能让他的后背暖暖的呢？

最后她想到一个笨笨的办法，真的是很笨很笨的办法。

笨方法也管用，渐渐地，她听到他的呼吸均匀多了，直到天亮他都睡得很平静，她很累，但因为抱着他，也就很平静。

也就是从那晚以后，她仿佛变了个人似的，到处打听治支气管炎的中医，她陪他去做刮痧，陪他试各种各样的方法，他不去，她会生气，甚至还会假装发脾气，吼一吼他。

经过一次次治疗，他的这种被医生说一患就不易好的病竟然治好了，再也没有犯过。而她，也再没哭过。

某天，两人躺在床上聊天时，说到患病时的种种不好。她说，治好病，除了医生，还有一剂秘密良方呢。他问，她却笑着不说。

是的，他不知道，那晚她从背后抱着熟睡的他，用的那个笨笨的方法就是：一直对着他的背心，大口大口地呵着热气，每一口，都是全身心的倾吐，每一口，都是全身心地要为他付出。虽然知道不一定就是这个笨方法奏效了，但是她明白了，成熟的爱，是要懂得把从对方那里攫取的暖，以自己的方式回传给对方，哪怕只是我背着你，在笨拙又认真地给你一口一口的暖。

会做饭的人都知道，厨具是一部很会察言观色的狡猾家伙，尽管你从来都是只用你的手去碰它们，但是它们总能正确分辨你的内心——如果你内心沉静，它们帮你做出的菜总是色香味俱全，如果你焦虑慌张，它们会让你连一碗面条都煮不好，还有，如果你的想念在别处，那么它们协助你做出来的菜也会背叛味道。

下午不是用来想念的

认识的时候，他三十一岁，她二十九岁，两人仿佛都是在婚姻大事上特不着急、特铆上劲儿的那种。其实不是，他们以前，都各自有感情的天空，只是因为承受了一些阴雨，到后来便总是小心。

不错的是，他俩很投缘，在很多事上两人都表现出极大的相同。感情受过伤的人，能再遇到这样一个让自己信任的人，真的很不容易，所以当关系一确定下来，他们首先想到的就是从此安静从此珍惜。

他们决定在认识后的第二个情人节举行婚礼。大龄青年，有时就是有大龄的好处，一直不错的薪水，让他们买房没费一点儿力气。装修好后，每到休息日，他们就一起去买居家用的东西，细化到连汤匙也是要讲究一下的。因为装修时，她总是一副小女人的样子，说任何决定都由他做，他很惊讶她对一个男人能够承担大事的那种尊重和信任，所以在这些女人爱研究的小细节上，他总说一切尊重她的习惯就 OK，她审美，他跟风。

只是她没想到那天在商场看厨具时，两人却还是有了一点小分歧。

有一套进口厨用刀具，分类很周全，一共有十多件。虽然价格也不菲，但当他看到她看着它眼里的那种开心时，他便决定买下了，他说想到以后他们可以一起用它做美食，心里是又高兴又激动。

可是刚刚还在了解那些构件作用的她，眼底这时却滑过一道暗影，她好像是很努力地在掩饰心里的悸动，说："不用这个，我们去挑酒杯。"可他钉在那里，坚持要买，他坚信她是想要它的。没办法她只好装作随意地说："这样的，我有一套。"

婚礼如期举行。蜜月回来，他们就要开始自己做饭吃了。因她每天下午三点就下班，所以回来的路上他们就商定好，晚餐由她来做。

第一个下午，她就痛苦无比。

即便是做再简单的一顿饭，她都得用到那套厨具，而它们会让她想起罗。和罗相爱五年，彼此以为爱得宽阔，每年都把非她不娶非他不嫁的爱情宣言喊得更高调一些。罗在悉尼，她在深圳，她的房里有一幅他送的水晶框世界全图，走的那天，罗用透明尺仔细量出，深圳和悉尼的距离是二十九厘米。她笑，说二十九厘米就二十九厘米。她牢牢认定那就是她和罗的距离，不过一个转身的尺寸而已，她会始终站在心爱的人的事业后面，等心爱的人转身回国，就是面对面了。

那年秋天罗回来，说再过一年就把地图换成婚纱照。于是，如同前段那些心情，她拉罗去商场看居家家什，看中一样，就发誓一般地说明年就来买。看到厨用刀具时，罗还拍拍胸脯说他再回来时会从悉尼带一套回来。

厨具是寄回来了，罗却留在了悉尼。罗打电话哭着说，他们虽然很相爱，但是因为太远，思念就被拉出一些细小的空隙，而那个新加坡女孩就刚好地填补了空隙，等他醒悟时，她已把他的整个世界都占去。

五年啊五年，她现在才知道那所谓的二十九厘米是在骗自己，那张世界全图的比例尺是1：24000000啊，它上面的二十九厘米其实是经不起任何一方来转身的，一转身，就看不清那遥远的地方了。

只是她知道自己还是爱罗的，所以不去恨，所以留下那套东西，指望着再遇到罗那样的好男人，就在他的身边给他调制生活佳肴，如果想起罗，就用切割蔬菜来代替心里的切割。

好男人她又遇到了，可是现在，她和他刚刚蜜月完，她对罗的思念就决堤奔流。难道真的是那样，女人最爱第一个恋人，而男人最爱最后一个恋人。她回避着这两句话，不去理解它们，告诉自己她和他都是在最爱的状态下。

可是不管用，每个下午，只要一操持那些小东西，她就会想起罗。连续一个星期后，她竟然妥协，说服自己她还是好女人，就让每个下午精心做的美味属于他，而每个下午的爱情就留给罗吧。

这样的结果常常是他回来她听不到门铃，几次割破手，让疼痛阻隔想念，几次把盐当糖，让煲出的甜品背叛味道。在又一次烫了手腕的下午，她丢下手里的事，站在窗前等他回来，她要告诉他，她没有办法忘记过去，是原谅她还是放任她全由他。

六点钟，他准时回来，从后面抱住她，交叉着把他的两只手伸进她居家服那两个大口袋里，说公司里的人都说他娶了个好老婆，才几天就把他养得这么好。她的眼泪差点就出来了，看来，她并不坏。

他看见她的手，把她按在沙发里坐下，系条围裙就去厨房忙开了。她的手忽然在衣服口袋里摸到两块东西，一定是刚才抱她时，他偷偷放的，一定是摩卡味的巧克力，她最喜欢的那一种。她这才想起，自从认识以来，她常常会在她的包里、衣服兜里，甚至大部头的书里，发现两块等她剥开来放到口里融化的浓郁巧克力。

一个同学老远来看她，她把那套厨具擦净装好相送。从此，她要用最平常的家什，在最温馨的下午，给他做最可口的晚餐。她知道，她一定是更爱他的。

一辆锈迹斑斑但灵活好用的旧单车总是会有点骄傲的！别去嫉妒它，也别说对它不屑或泼酸的话，它真的是应该骄傲的，因为它的主人爱它，爱到忽略它的外观，只是深深感激它总是可以带给自己为心爱的人和热爱的生活随意奔赴的速度。

对面的依靠

他们二位，自从入住这个小区起，就开始让晨练的人们议论纷纷。那些把烟火气都过进骨头里的男男女女，不理解的，是他们二人的关系。

有的说他们是老少配，有的说他们根本不是一家人，也有人说，他们就是保姆和主人的关系。

猜的答案越多，似乎就越是让人们纠结，因为每一种猜测，都似乎是有佐证的。

说老少配的，证据明显，他们的年龄看起来至少相差十岁，他精神抖擞得仿佛刚刚松开了青春的尾巴，她则随意从容得似乎早已步入中年。

说不是一家人的，证据更明显，他的身上从头到脚，天天都是名牌啊，而她，总是穿一些过于宽大的旧衣。要是一家人，怎么可能只奢侈一个人，而另一个人又怎么可能甘心节俭？她啊，说不定是借他的屋放自行车的，因为这个小区内不是所有的住户都有配套地下室的。

说是保姆和主人的，证据最振振有词——她的代步工具，是一辆很旧、起码已有十岁的自行车，而他，却是开着一辆锃亮的白色广东本田。

甚至后来，还有人把她猜测成是他落难的远方姐姐，由于机遇不佳，生活所迫，不得已投奔他而来，且好手好脚的不愿过多连累自家兄弟，于是每天骑着旧自行车去做钟点工。

反正，就算他们天天清晨一起在地下室门口出现，也没有人把他们看成是夫妻。直到一个月后的一天，发生了一点小小的意外。

那天早上，天空像燃放过一夜冷烟花似的，雾很重，但是这依然不影响那些早起的人去做想要做的事。像每个早晨一样，聊天的声音、迈动的步伐、探寻的目光似乎也要进行一番雾里看景。

还是八点左右，他出现了，穿着短款风衣，立着领子，更是增加了几分意气风发。她也过来了，穿着贴身的中年妇女的深紫色高领毛衣，外面套着类似工作服抑或运动服的那种宽大旧夹克。

着装没有不同，表情也没有不同，不同的是，今天开始有人猜测，这样的天气，或许他会让她搭一下顺风车，因为是男人就不能那么小气的。

但是，打开地下室的门，他还是把她的旧自行车推了出来。有人可怜起她来，雾这么大，她怎么走？她也真傻，没准儿请求一回，看在老天爷的份儿上他也是会答应的。不管是没有关系的一个人还是自家兄弟，他都会答应吧。

可是，很快，所有的人都觉得自己实在是太无聊了。

因为他把她的自行车推出来后，就锁上了地下室的门。然后跃上那辆自行车，回头看了她一眼，她走过去轻轻一跃，就稳稳地坐在了他的后面。他们那番远去，成了一道很自然的风景，仿佛相约过好多年，要是哪天起雾，他们就这样走。

他们每天都从一个屋子里出来，当然是夫妻了，这还让人们七想八想啊？

后来，所有猜测他们的人都打听到了他们的故事。他们结婚二十年了，有一个孩子去年上大学了，所以他们便在这个小区买了一套小房子，为的是方便工作。他们文化程度不高，但是建材市场的那家小店，被他们经营得有声有色。

他讲究穿着，那是因为他每天的行头都是她一件一件给他打理的，她说他总要跟人谈订单，不能寒碜。她穿着朴素，是因为她知道他最喜欢她一副贤妻良母的样子，在他的眼里，那就是最好看的。

他看起来年轻些，是因为他的确比她小五岁，但是小了她五岁却沾了她许多的福，她沧桑一点，不仅仅是因为年长了他五年，还因为她总是拿他当孩子一样看待，她能操心的她从来不推给他。

他每天开本田，是因为她喜欢解放大道一家粥铺的药粥，非天天吃不可，但是要买到它，他得驱车五公里。她骑旧自行车，是因为她要方便地穿梭整个菜市场，给他买好他喜欢吃的农家小菜带到店里做午饭和晚饭。

他们相视不太言语，是因为许多深情都在相濡以沫的两双眼睛里。他们淡然得不太跟周围的人拉家常，聊烟火，或许也是因为别人不懂得，两个人之间，是允许有距离的，只不过站在距离两端的人，如果背对，就无从默契和信任，如若面对，却可以是绝妙的依靠。

每份协议书，都是左手和右手相握的语言。只是有的语言，是无形的，它在相握两方的心里，彼此心照不宣，却永远答案一致，而有的必须是有形的，必须是白纸黑字儿地成文，然后凭那一页纸片，提醒着双方要握手言欢。哪一种更让人向往？当然是无形的。但凡需要立字据的事，其实都是潜意识的深深不信任，或是不敢信任吧。

左手握右手叫拜托

在她面前，他一下子就变得没了信心。他一直都是个骄傲的男人，一直意气风发踌躇满志，一直都觉得他是要做出成就来让她跟着自己幸福的，可忽然间，工作了六年的公司解聘了他。

那天他是走回家的，整整走了两个小时。回家后他什么也没说，害怕被心思细腻的她看出来。第二天他便装出一副很忙碌的样子，比她起床早，比她出门早，而到了晚上又依然比她回来晚，就好像有应酬似的。而且回来后，看到在沙发上边看电视边等他的她，他还努力让自己的脸上兼有工作的疲惫和到家的舒心，然后她又有心疼，其实他心里更疼。

一连好些天，他来回于人才市场，他不敢给朋友打电话，他的朋友都认识她，他怕他们不小心就把他被公司解聘的事说给她听了。

但是没有朋友熟人之间的互通的消息和人脉，怎么能找到不错的工作？人才市场里有的那些，都不适合他。

偏偏就在这时，她却高兴地告诉他说她升职了，薪水也一下子涨了许多。

这种反差让他心里更加难受，一夜又一夜地失眠，精神的疲倦让他开始觉得自己和她之间已经有了很大的距离，她比他强，如今无所事事的他实在是配不上她的。

这种想法在又一次满怀信心的落聘里变得更加强烈了。那只是一个小公司，对于他这种有经验的人来说，应该是敞开大门欢迎才对的啊，可是人家却毫不迟疑地拒绝了他。

他的自信瞬间就枯萎了。他不再相信自己，而且开始有了想要离开她的念头，他不想有一天，自己被人说成是吃软饭的。只是这想法决定起来还是很难，毕竟她是个好女人，而且他真的很爱她。

恰逢这时，她的初恋情人回来了，还很念旧情，以来家里看望旧友的名义看了她，说正在筹备开一家公司。

在那个人对她留恋的眼神里，他的信心终于消失了，同时离去的决心也完整了。他开始天天喝酒，想激起她的怨气来，想让她跟自己吵，吵闹多了，然后就有正常的理由来分手了吧。

可是她没有，每次他喝醉了，她都不厌其烦地给他做醒酒汤，边喂他边说要他爱惜身体，爱惜身体就是在爱惜他们的幸福。

他感动的同时，也更加坚定了自己离开让她得到幸福的决心。无奈的他没有办法了，甚至制造了移情别恋的假象，在他的衬衣领上抹她的口红，可她似乎从来没看见过，下次穿那件衬衣时，领子干干净净的。

终于，他直接在一张纸上写了一句“我们分手吧”，放在了茶几上。

她下班回来看到它，笑坏了，打电话给他说他还是像当年那样喜欢开玩笑。等他回来了，她还有些得意地说：“你别做梦哦，我们凭什么要分手，你我之间，纵着分析横着分析，都没有半点裂痕。”

说完她笑着撕了它，像撕折扇的晴雯一样，俏皮地稍稍用力，撕出一些开心来。边撕还边说，这张纸，就是个纸老虎，总是害怕她这样一双手的。

他感动，但越感动就越是为分手而费尽心机，第二天在她下班回来前，他更加直接地在茶几上放了离婚协议书，然后去了酒吧，想要一夜不归。可凌晨一点，她抱着他的外套找到他，在他的对面坐下，拿过他的酒瓶，对他说："要想分手，那你说个理由。"

他一挥手，不耐烦地说他厌倦了，没感觉了。

她笑着问他："是不是像别人常说的，现在握老婆的手，就像左手握右手？"

他愣了一下，看着她点头，说是。

她不再笑，很认真地说："我也觉得握着你的手，像是我的左手在握右手。"

他说："那就好，我们好聚好散。"

"但是你可知道，左手握右手，这种姿势，只要放到心脏的前面，就更像一种肢体语言。"她说。

他问："像什么？"

她说："像拱手。"说着，她把右手握成拳，把左手搭在右手上，举至胸前，说："我现在拱手来拜托，拜托你，不要遇到困难不告诉我，那是我们共同的坎儿，我们要一起过；拜托你，不要如此来成全我的幸福，别人的我管不了，但有了你那已不是我想要的；拜托你，不要轻易丢下我，早已决定和你相濡一世，你半途停下我如何一世；最后拜托你，大男人丢个工作不算什么，一定要振作起来……"

原来细心又周全的她什么都知道。他的眼睛潮湿了，伸手捂住她的嘴，紧紧搂住也已是泪流满面的她，想着永远都不要再松开。

每张火车票，都是一个故事，或许再见，或许再也不见。无论是哪种再见，那张火车票都是曾经经历过的故事的证明。如果再见，火车票一定会是往返程的，如果再也不见，就一定是单程。

再见的素养

那年秋天，她突然对这里厌倦了，觉得以前恋恋不舍的城市，现在是那么让她觉得心灰意懒。

这种情绪一头扎进来后，便让人没耐心再做任何事，直至有一天，她决定离开。

走前的下午，她徒步走了很远一段路，毕竟是生活过五年的，该好好看看再走吧。却不想，越看越是发现这种心无所依地强迫去记忆，其实更是鼓励了一颗想要离开的心。

因为眼之所及，均不似从前，进去也没有意义，她也想既然来了就进去走一趟，因为眼能所及，并非就是心之所及，或许走进去，就会有不一般的意义。

正在如此艰难地抉择时，她被一辆车绊倒了。那个莽撞的人，把一辆自行车骑得像匹野马，她的腿被那自行车上的一处尖物划了深深的一条口子，血流如注。

瞬间，所有的感觉都是疼，疼到几近眩晕，只知道自己的腿被那人用脱下的T恤衫紧紧包住，然后那人抱起她放到车后座上，跳上车用力地蹬

往校园小树林那边的医务室。从校门到医务室的那段距离，她是知道的，她觉得这一段路，又长又痛。

她那天没有去车站，她被他用自行车推着，送回住处。他一直保持内疚又难过的神态，他挽起衣袖，给她做了晚饭，看着她吃完，又给收拾好。

走时，他留下电话号码，说如果有事，一定要找他。

她真的找他了，不过，不是因为腿上的伤口疼痛难忍，而是他刚才在这里忙碌时，不小心把一张火车票掉在了地上，火车票上的发车时间离现在只有一小时了。

他来了，接过火车票，却坐下来和她说话。火车票发车的时间过去了，他看着它一笑，撕了它。他说，今天以前，他是那么盼望自己赶快离开这里，但是现在他不想走了。

他每天都来背她去换绷纱和药，每天晚上睡觉前还会发短信问她疼不疼。

"还好。"她总是这样说，但心里却惦记着能否会被他惦记。这样的来往中，无论是电话里、短信中还是网上的话语，到最后其实都已是想念的陪衬。

她终于知道，之前自己想要离开，也只是因为对这个城市来说，她的心是空的，心里没有想见的东西。现在她的心里有了牵挂，才会觉得留恋又修炼升级一次。

她的腿彻底好后，谁也没想要再离开，他们都在这个城市留了下来。生活突然就这样充实而又安宁了。

他们开始谈婚论嫁，开始一起去看楼盘，俨然一对至深至爱终贞不渝的恋人，要把两个人的未来全都放在这个地方。尽管武汉的夏天是那么地让人难受，但是因为两个人在一起，难受就不再是难受了，仿佛为了彼此，他们都心甘情愿做一个武汉人。

但是，就像一个再恋家的人，生活有时候还是会不预告不留余地给一些让你离开家的理由，这些理由总是以它们自以为是的原因，让你措手不及，不得不答应。

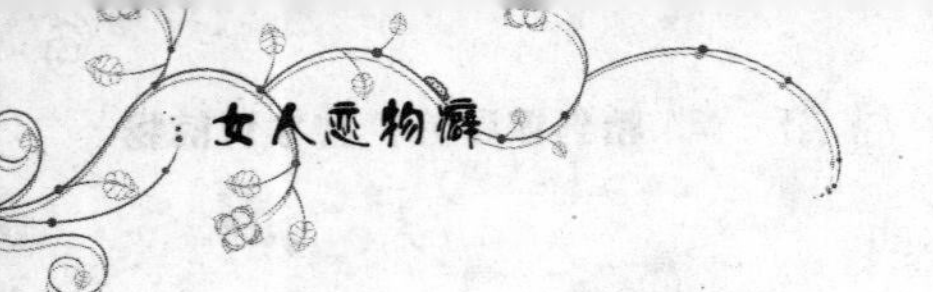

几乎就是在同一个月，他们都必须离开。她是因为业余参加的一个培训，要去深圳参加资格证前再学习，他则是因为湖南老家的家事。偏偏那个时间，是他们看到的一处楼盘的开盘时间，现代平民百姓要买房的所有期待值，那处房产都具备。

她希望他能克服一下，排到号再走，他也希望她能克服一下，晚点再去深圳，只要不误考试。他们都做了努力，但却都没能如对方所愿。两个人各自握着一张火车票，彼此说再见。

那处楼盘被哄抢一空，再也不会有类似的第二期。他们各自在异地通电话说这事时，都有点沉默，仿佛离开很久后的那种联络，一会儿热诚，但是不知什么原因，又会倏地陷入冷场。

这世界上许多事情都是风筝和线的关系吧，因为错失房子，因为离开武汉，有关家的具体形象就变渺茫了。资格证考完后，她的友人要将她介绍到非常好的外资，她跟他商量时，语气里已是要留下的决定，他支持。而他在湖南老家的家事，竟然也是理不清，也不得不对她说他要一留再留。每次电话讲完，他们都对彼此说，武汉再见吧。

武汉再见吧！只是谁都不知道，这句简单的话，他们竟然会在电话里讲了一遍又一遍。

直到他们分别开始觉得，自己口里说出的再见，和听到的对方说的再见，是不是就是相同的再见？

一个再见，可以永远去等待啊，一个再见，也可以永远不去等待啊。知道的只是，这一再见，恍惚间，竟然就又是多年。

许多年后，他们各自都有了新生活，每次问候，说的竟然还都是那样一句“武汉再见”。

或许，他们早就知道彼此不能继续爱了吧。早就知道，再见和再见，从来就是这世上最悲情的错过。

之所以如此平静，只是明白，错过的人，道出的这一声“再见”，仅仅是对过去感情的尊重，仅仅是一句有礼貌的分手语言，仅仅是要借一声“再见”，来表达对爱过的尊重，以及自己作为一个爱过的人的素养。

在那个特别的节日，它总是被女人们期待。有一款很小家的巧克力，不知道你有没有吃过，它普通极了，薄薄的小方块，它的身上，写着“友意思”三个字。我常常觉得这个名字相当好，如果你想要用巧克力来表白你对一个女孩的喜欢，那么“友意思”可以帮帮忙，替你先打打情人节再送精制巧克力的小前奏；如果你想拒绝一个女孩对你的喜欢，而你又想即使无可避免地要伤害她也要伤害得温婉一点，那么“友意思”也可以来帮帮忙，它会替你告诉她你们永远是朋友。

分手不哭

她和他的故事，是从挑刺开始的。

那年夏天，因为部门的半年计划提前完成，公司奖励他们可以选择国内任意路线的五日游。那天下班后，大家都留下来开会，商量要去哪里。

她的建议得到许多人的首肯，但也有些人因为他的提议而雀跃。

于是就两处景点，她和他互相挑刺，发生争论。她说去神农架，他说去三亚。

她说盛夏出行，就得有避暑概念，而去海南只能让热更热；他说度假并不只是为那几日好过，如若从神农架回来，无法倒回温差怎么办？

挑来挑去，气氛热闹了。但是最后，是他赢了。因为部门主管的意思，也是去海南。

她虽然有些不情愿，但是即将要去旅行的人，没有不快乐的吧。况且三亚的海水和阳光，总是有一种让人想无介质地去亲近的魅力。

只是走在阳光里，她总会看到他的身影就在身旁，有时她故意走远，可拍张照片后，又会看到他。

她发火了，说他们还是间距大点比较自在。可她的气愤，倒像是他盼望的，他挺愉快地回嘴。她再发火，他再回。如此，几乎每天他们都在拌嘴。

唯一没吵的一次，是潜水时。潜到深处时，她突然对周围宽阔的黑暗恐惧起来，虽然知道教练就在身边，根本就不会有任何危险，可她还是害怕，双手不停在水里乱抓着。抓着拦着，她就真的抓到了一只手，它宽厚有力，带着她上升又上升。

探出水面一看，才知道那只手竟然是他的。于是本要说的“谢谢”，就成了一句——“我还以为在水里遇到了八爪鱼”。他笑，说他也有同感。

回来后，他们的争争吵吵越发上了瘾，两人工作意见相同时吵，不同时更要吵，开会时吵，在电梯里也吵，就连聚个餐在桌上也会吵。

只是他们的这种吵架，从来没人来劝一劝，大家似乎都习以为常了，也不觉得怪。

有一天他明显占了上风，她气呼呼地问一个同事，说：“你们可真够看得开，见我被他欺负，也不帮忙说两句。”

那同事笑，往她桌上放了一把巧克力，说：“这是什么？”

她皱眉说神经。同事笑得更神秘了，指着巧克力上面的印字“友意思”说：“我们一吃这个，就想到你俩，你们两人，都有点那个意思哦。”

她慌张地反驳：“你们有没有搞错？难道有点意思，是从吵架开始的？那么当很有意思时，岂不得搬刀弄枪？”

不知不觉中，就过了两个夏天。虽然她时常被他气得要哭，可遇到了困难，她第一时间想到的总还是他，他来了会跟她吵，但更会帮她解决好了才走。

今年秋天，她接到初恋男友的电话。男友差不多一年没跟她联系了，这次电话竟然讲了一个多小时，直到她边听边说边哭。

任何一个女子，在复燃的旧情面前，都是没有抵抗力的，她总是没有能力把自己从浩大的回忆里拉出来，原来的爱，总会轻易地又种回心里。

她辞职了，去了初恋男友那里。在那个陌生的城市里，她找了份跟从前一样的工作。

她以为这样做起来就会很轻松，哪知她还是遇到相当多的问题，一次次的焦头烂额，让她开始想念曾经总跟她吵架的他。终于，在面对思索几夜都无果的困难时，她打电话给他。他飞来，难题解决了，他也从电脑桌面上看到了她和男友亲密依偎在一起的照片。

走前，他说话的语气很怪，像是要找到从前那种争吵的语调，可是怎么努力也找不到，于是只好低沉地说，他在见到她之前，还在拼命说服自己要跟她吵一架再走，但现在他后悔了，后悔以前说了太多废话，把最重要的一句耽搁了。

她难受，她明白，在这个城市经历种种不习惯时她就明白了，当初的她，对他的感觉，其实也不是什么都没有。但是，她没有说出来。

这世上，或许有很多像他们这样的人，越是喜欢就越是找不到表达的方式。从公司到机场，他们都沉默着。

登机前，他突然伸过手来："老朋友，记住啊，不懂的就别硬扛，我随时可以为施展才华而起飞，那种心情本来就值得得瑟呢。"她笑，然后把她的手也伸了过去，她也说："好的，老朋友，你本来一直都足够得瑟的。"就这样，在笑声中，他们彼此挥手，然后转身。

至此，她和他从前那持续两年的争争吵吵，终于在真相里冷静下来，从而走上了远离爱情的另外一条路，它不再喧闹，但是定会深沉。

分手不哭，她和他，是相爱过的老朋友。

二十多年前，她喜欢公主，把王子当陪衬；二十多年后，她喜欢王子，把公主来嫉妒。嫉妒到，连公主咬过的毒苹果，她也费尽心思地想拥有。女人的傻，总是为爱出发。

梦想一颗毒苹果

自从在千分之一概率下几次得宝，他就越发沉溺于那个网络游戏。除了工作吃饭睡觉，他基本上都坐在电脑前，在那个游戏里，他结了婚，还要了宝宝。

那以后每逢节日，他都是带着游戏中的老婆和宝宝一起玩过后，才想到她。为这，她撒娇拔过电源，作恶改过他的密码，每每得逞，心里却不快乐。她问他还爱她吗？逼急了，他都是惯性地答爱，她听后心里还是空空的。

那天独自逛街，恰逢书店做活动，她买了本小说，他们送她一本画册。晚上翻了几页小说，她就再也看不下去了，在相爱的人的深情款款里，她没法平静，浅浅探寻，一目十行，她也难受。

把小说放到一边，她拿过那本小朋友看的画册，没想随手一翻就是白雪公主的故事。她无奈地苦笑，有些东西越是不想，就越是触手可及。因为寂寞，她一页一页地看着，也许童话的美太圣洁，她拒绝不了，看到结束处，她已在用很细很细的心思，来体会它的惊心之处。

在公主吃下毒苹果死去的情节里，她忘了自己是成年人，跟着故事忧伤，当等到王子来救公主，她又像个孩子一样欣喜若狂。仿佛多年来，她一直浑浑噩噩，直到今天才豁然明白，白雪公主是被爱情救下的，是在王子的眼泪下生还的。二十多年前，她喜欢公主，把王子当陪衬；二十多年后，她喜欢王子，把公主来嫉妒。

她旋暗床头的灯，想借着难得的一份充实入睡，可是她隐隐听到隔壁房间里游戏的背景音乐。想着他正带着“老婆”和“宝宝”叱咤，她哭湿了枕头。她的他原先不是这样的，他曾经每晚都和她坐在床上，在被子上展开各种棋盘对弈。

白雪公主因为咬了毒苹果，王子就来了。她真的很想像她那样，然后看有没有爱情来救她。想着想着她睡着了，一夜都做着可怕的梦，梦到她被坏人穷追不舍，梦到她一步掉下悬崖，她依稀记得梦里，她对着天空无助地叫他的名字，最后他好像来了，又好像没有。

醒来，一脸泪水，月光中，她看清他睡得很沉的面容。她缩回被吓得冰凉的手，不敢同以前一样，环住他的身体，把脸紧靠他的肩膀。

她下定决心，一定要试一试，努力地让自己陷入困苦，然后得到梦想中的那颗毒苹果。

她故意多次迟到，让老板炒掉她，好看她的他面对失业的她有没有安慰。可是，老板只是和善地问她是不是病了。那一刻，她想过放弃，因为她觉得自己想爱情都想得幼稚可笑了。

可是那个美丽的故事就那么支撑着她，不多日，她又在晚上频繁地踢被子，让冰凉侵蚀她，希望得重感冒，可踢了好多天，她还是安然无恙。

晚上，他在电话里和网友们开 BBS 切磋，然后又互邀上线。她恼怒地切菜，割破了手，叫出了声，但他没听见，她捏着指头经过他身边，他还是没看见。

一到吃饭，她要么说吃零食了，要么说要减肥。她是在绝食，这是最后一招了。

到第三天晚上，她感觉就快支持不住了，于是就处处跟着他，他上网，她就坐在书房的沙发上看书。不是为别的，她是怕梦想实现的时候，她昏

倒在别处。

可是家里的网那天很不稳定，他着急说帮战就要开始了，要去网吧，十点钟前回来。

她气得一个人在家里哭，哭完就在偌大的房子里发誓，她再也不让这种男人的狗屁爱情折磨自己了，爱，还不是就这样，不爱，又算什么。

她饿狼般把冰箱里的吃的都扫干净，然后洗了澡上床，看到那本画册，生气地抓过来，把它撕烂。她做梦都想自己被他心疼，她做梦都想有机会来证明他爱自己，她都已经吞下无数个自己为自己准备的毒苹果，他却没来救救她。

撕完后她又起来打扫，扫完了，她又接着擦地，她知道她只是发泄，把所有的房间包括阳台都擦过后，她终于累了。从卫生间出来时，她没有顾及地上很滑，一不小心重重地跌倒在地，很疼很疼，在地上怎么努力都还是站不起来。她就那么仰躺着，用手着力，移到电话处，把电话抱在胸前打给他。

他几乎是破门而入，慌忙地把她抱到床上，将她轻轻翻转，在腰部一遍一遍地抹红花油，一副好紧张的样子。

她苦笑，她没料到她小女人的梦想就这样阴差阳错地实现了。

看着他心疼着急，她心里高兴，嘴上却还是不放过，说："你下线了，你那老婆不说？"

"什么老婆，骗你的，那是我自己开的小号，还是我。"他说道。

白雪公主因为迷失在森林，没有王子，所以才咬到毒苹果，而她的他一直和她在一起，所以她才没有咬毒苹果的机会。

女人真是傻，傻到什么梦都敢做。

每个女人的一生都会拥有它。它带给她们许多许多的心情，不安、紧张、开心、向往等等，女人们最后要留下它，就是要留下自己曾经的这一番过往。只是，女人们希望男人懂得，它的主人，是两个人，不止她，还有他。

好生为爱，好生担当

一位大姐半夜拉她倾诉，竟然连上个世纪的秘密都抖出。

她说她和他的青春时代，要想结婚，是必须婚检的。本来这样也很正常，可是她和他却在婚检这件事上有故事，有不知所措费尽思量的经历。

她的老友向来守时，月月七号，必定现身。为了佐证，她甚至还追溯至高考，说是那年七月七号，她肚子疼得连作文都写出了一种悲伤。

“不会是你记错了吧？”他小心地问了三遍。每一遍她都回答：“是，没有错，绝对不会有。”

原来眼前婚期临近，他们去做婚检，可当时的她，不宜婚检，因为已是十七号，老友却还没有到。

可婚期是老人结合了八字定的，就在下个月初，偏偏当地民政部门规定周二周四是办离婚的，如此领个结婚证，必须得先排好长的队。于是他们装作很忙，其实心里很慌张，是想边拖边想主意。可他母亲不依，老人家周一早上七点就去排队，拿了婚检次序表格后，还亲自把这俩孩子送到医院门口。

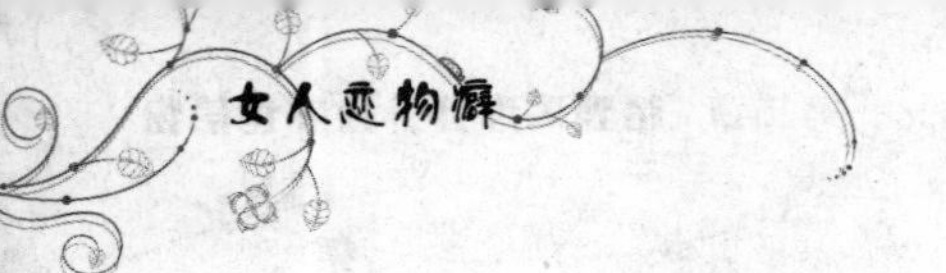

听听心听听肺，她在女科检查室暗喜，原来是普检，不检查隐私的。可随后医生就让她取样去做 HCG 检查。在洗手间里，她看着水龙头里的水许久，终一咬牙，对那个正化妆的女孩说："能不能，帮个忙？"

婚礼如期举行。不到七个月孩子就生了下来。大姑大姨围拢过来，说怎么才四斤八两，她说是早产。又解释，那天不过是提了点水果上楼，就有动静了。

孩子一直体弱多病，渐渐地她对人提孩子时，总要说是在娘胎里没待够，直到说得真相仿佛从来不存在一样。

转眼孩子十八岁了，想考军校，她支持，可体检时身体不合格，孩子很失落。她这才想起孩子身体不好，根本就不是因为在她肚里没待够，而是他们当时不懂优育。

她靠在床上叹气，以为他会搂过肩膀说，明天他和儿子谈谈，什么大学都长本事。可他竟说，我哪里是喝酒抱你的，怪你，提苹果上楼。

她恼，故意说是橙。他放下报纸摇着手说对对对，就是橙。

于是她哭到半夜，给我打电话，说用十九年才看明白他原是没有担当的男人。好汉做事好汉当，他若是好汉，当初在婚检的路上，就应拉着她的手对他妈说，他爱她，她有了他的小孩。

我尽量用轻松的语气去安慰大姐，说上个世纪，人们的眼光很毒的，若不瞒，她一定不好过。我知道，好好歹歹，大姐只是想一吐为快。

真正让她眼里生出了盐的，并不是孩子夙愿难了，孩子功课好，不做军人也会很优秀。偏偏是男人那忘得一干二净的态度，让她为那十九年的谎言戚戚然了，她比孩子更失落。为了生活得更安宁，有些事，她可以遗忘到它不曾来过，但是，他不可以。当年婚检，他是早早就检查完了在大厅等了她一个小时的，那一个小时，有半个小时她用来在洗手间里束手无策，还有半个小时，她用来在递过去借来的体液时收拾心底的忐忑和悲伤。

她觉得情感大学堂里，爱情这门功课做得好的，引申到生活里更滋润的，一定是女人去美好地遗忘一些，男人去真实地担当一些。她为了把爱情的功课做得更好，维持一种谎言直到它进化成一种真实，那么他为了把爱情的功课做好，就不可以把初衷来相忘。

每一个他，在每一个她面前，无论什么时候，正在面临什么，都该永远用力拽紧她的手字字带风地说："把你拉进这种生活过一辈子的事，是我做的，为爱做的。"

我想，十九年没有争过的大姐，这深更半夜里争的，就是这个。

喜欢去文具店，喜欢看一本又一本的笔记本，想着用它们来写日记，买过许多，直到放在抽屉里泛黄，却也舍不得用。那一本本的日记本，用泛黄的色彩记载了光阴，而一篇篇本该写在它们上面的日记，就刻在了心里。

你还没有说永远

我们的城市又下雨了，不大，因为风没有刮起来，它们就细顺得厉害。

有时候，天空会很奇怪，明明是一个城市里的，但是它的表情却不一样，就像此时，你那边的天空正春暖花开，而我这里的天空却小雨霏霏。

对于天空这样的安排，我常常是不甘心的，但是不甘心又如何？我只能想，不论是花是雨，至少季节我们是相同的，至少白天黑夜我们是相同的，所以我今晚就要借雨来许愿，我但愿：雨辗转到你的天空时，你就会明白，我把我的愿望请它给你捎来了。如果碰巧它到时，你的窗子没有关好，这样受潮的风就会吹到你的脸上，就会告诉你做梦的密码，然后，我就会不顾一切地跑到你的梦里去。

认识你以来，我总是整夜整夜地做梦。我也不知道，我是怎么忽然就具备这种功能的，即使是不小心打个盹儿，也会做梦，又多又细。我记得我曾经告诉过你，可是你却不懂，你说真是奇怪，为什么你从来不做梦呢？于是我傻傻地认为，做梦这件事，是得有密码的，所有的人，要想来到梦中，或是到别人的梦中，都得知道密码才行。

那么我，到底是幸还是不幸呢？说不幸，可我一直知道自己的密码，可以很容易就到梦里去；说幸，可我的梦这样沉重，想改变也改变不了，每天都要很累地醒来。

那次看到一个笑话，说一个电脑菜鸟问人家，他要登录某个论坛，键入用户密码时，明明敲的是123456，可出现的怎么全是星星。我笑出眼泪，笑过之后我又沉默了，我的许多密码设置得也很俗啊，我与菜鸟唯一的区别的就是，我把它们真的当星星，然后在一个城市的遥远天空里，它们就会带着我想你。

梦里真是好孤独，永远都没有第三种色彩，我一个人奔跑在黑白的世界里，绊倒，起来，又绊倒，真的好苦，我总是在再也撑不起来的那刻就醒了，然后发现，我的碎花枕头总在受罪，承受着不可思议的带咸味的小雨点。

你就是上帝安排的，你是注定要来的，就像我对于你来说，也是如此。可是，你老在说，你喜欢我，你喜欢我，却没有一次给我更坚固的表达，让我感觉你从来都只是说说而已，说过就会忘记。让我感觉自己总是失落得像盛宴中最后离开的那个宾客，依稀留在原地回味刚刚繁华的气息，可所有的人都已在奔赴另一场景，或是有新的安静，或是有新的热闹，只有我，心里堵着，总是想着他们回来继续前面的盛况。

我一直不敢问你，我们会永远吗？我怕看到你有一点点的思索或是一丝丝的迟缓。对我来说，这个问题是不用想的，我早就已是时时准备回答你这样来问我的。我想说，不论哪种情况下，即使我是在半夜被叫醒、即使我正在繁忙地工作、即使我病中发烧烧得很糊涂，甚至，即使我有一天失忆了，只要你找我要这个答案，只要你要它，我都可以随时对你说：我们是永远的！

我的记性太好，可以对我们之间许多日子的日期都随时道来，我更是清楚地记得在那些日子里你穿什么颜色的衣服，甚至头发被风吹成了什么样子。

可是，我不知道你记得有多少。或许你都忘了对我说过什么，或许你

从来就没有多少时刻想起过我。正因为这些不确定在心里来回磨着磨着，所以，我的梦就伤势严重，我害怕我们是没有我们的永远的。

所以，我老借雨来堆积伤感，然后就没完没了地做梦。不是我不相信你，不是我不能感知我们之间的默契，而是我的性格，像是站在雨缝里的，虽然来不及被淋湿，不至于太忧郁，却也逃不掉要受受潮，于是想得很多。我之所以容易伤感、容易在梦中惊醒，只是因为，你还没有对我说永远。

每一颗星星，都是无法摘到手中的，每一份幸运，也是无法计算到生活里的。折得太多，用心太多，其实都不如随遇而安。

幸运日

不知从哪天开始，她变得迷信起来，认定星期三是她的幸运日，于是就总把重要的事放在这一天做。

印象中，好像真有很多次她都如愿以偿，比如星期三去银行，排号总是很靠前，星期三等车，总是不会超过五分钟，还有啊，星期三做下的决定，总是不会后悔……

有时，碰巧在星期二遇到不开心的事了，她会认为那是由于明天才是期三；如果星期四那天受委屈了，她则说那是因为星期三已经过去了。

这样一来，星期三在她眼里真的就神奇了。每当到了星期三，她都认真地想今天要做些什么，排得满满的，为的是把每一秒都过得很仔细，为的是不浪费这星期三的好运气。

她恋爱了，刚好在星期三那天认识的他，他的模样、性格等等，每一样都符合她的标准，她认定她的终身伴侣就是他了。

她决定和他结婚的消息一散开，亲人朋友都替她高兴，因为他真的是一个很好很好的男人，甚至连她的家人都还很客观地、毫不袒护她地说，他配她，过头了呢，她遇到他真是上辈子修来的。

她听了也不生气，坐在沙发上边折着幸运星边对家人说：“我说过了

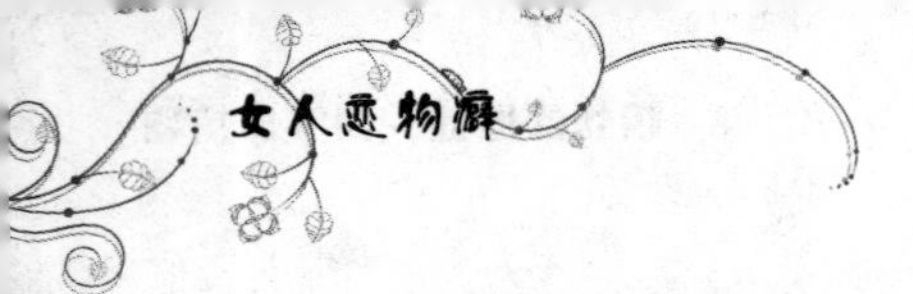

嘛，我是被幸运之神照顾着的人啊！”

自从她觉得星期三会带给她好运后，她总是喜欢折这种小女孩才玩的幸运星，玻璃罐里，门帘，窗帘，都是它们。

很快，他们订下了婚期，当然是她要的星期三。

但是，她没想到，他还要一个星期五的婚礼。

原来，他们都是独生子女，两边的父母都要求办婚礼，因为不在同一个城市，他的父母便要求星期五去他家里办。

她有点不乐意，说下周三不行吗？他说不行的，一是因为隔太久了不好，二是因为他的姐姐姐夫被公派出国工作的日子就是周六，他们想参加了他们的婚礼再走。

他知道她不高兴的原因，就搂着她说：“凡事第一为大嘛，我们正式的婚礼就是在周三啊，你相信这个就好。”

她终于笑着点头了。

然而，婚后，她还是计较这个了。按说，当一对恋人走进婚姻，就总是会多出一些琐碎和平淡来，多数夫妻都明白这个道理，即使争吵，也在争吵之后对婚姻充满信心。

可是，她却不行。每次有一点摩擦，她都会联想到在他家那边的婚礼不是在星期三这件事上来，她的计较、责怪、抱怨越来越多，直到生活再也不美好。虽然他一直都在努力，但是她还是提出了离婚。

离婚那天，虽然没有特地去挑日子，但因为恰巧也是星期三，于是她就没有过多地去伤心。可是他却有，直到走出家门，来到民政局的门口，他还在一遍遍地问她要不要再冷静一下，她却坚决要离。

离婚后的一年里，她仿佛又回到了从前，好好地享受了五十四个幸运日带给自己的快乐，她越来越觉得自己的幸福是可以自己掌控的。

然而，到了春节那天，她却不快乐了。原本她也想到了这个春节，自己独自一个人过得孤单，她希望那天是星期三，这样或许会带给她一点快乐，可是春节那天是星期五啊。

一个人的春节，让她不禁伤感起来，等到再到星期三时，年关的喜气已散发九十六个小时了，会很淡很淡的。

她哪里也不想去，就一个人关在屋子里，看电视、做饭、睡觉，一个小时一个小时地等待遥远的星期三。等啊等，仿佛所有的愿望、期盼都只为新年的第一个星期三。

不知是因为冬天太容易让人抑郁，还是这个春节的天气一直阴雨让人心情不好，她就这样一直等到星期二的晚上。离星期三还有三个小时的时候，她甚至开始固执地觉得，健康、美丽、财富等等都不及她的星期三重要。

就在秒针跳跃过星期二最后一格的那一瞬，她竟呼出长长的一口气。

她高兴地让视线离开墙上的时钟，想好好睡一觉等天亮了就出去看看，可是就在一转头时，她看到了镜中的自己。

她吓了一跳，那是一个多么憔悴而疲惫的女人。

她慌了，找出很久不用的化妆品，焦急地描绘她的脸，可怎么描都描不好。这晚她失眠了。天刚亮，她就赶去美容院。她急于想利用这一天二十四小时的幸运来恢复美丽。

可到了晚上，镜中的她依然憔悴渐老。

她第一次在她的星期三里哭了。她没想到在自己好不容易等来的幸运日里，却有了青春不再美丽不再的不幸。

她开始有些想他了，因为他总说，她老了他也爱，她丑了他也爱。这个晚上，她坐在床上折幸运星，努力让自己的心慌平静下来。

她不知道从此以后，还该不该相信幸运日，还该不该喜欢幸运星。

她一直折一直折，直到睡着。

第二天的上午十点她才醒来，她躺在床上想，在这个丧失了幸运的日子，同样丧失了对幸运日的信任的她，该去做什么？

正想着，却意外地接到他的电话。她自己也不知道为什么，就在听到他声音的那一刻，她突然像个知道自己做错了事的孩子，哭着对他说回来吧！

他笑着说：“那快开门啊，我就在门外站着呢！”

她跳下床，赤着脚去开门，然后笑着接受他的拥抱，那笑，是经过了磨砺终于懂得了生活里的幸福的那种美好的笑。

从此，她知道幸运不是能预见或是定格的，有时它其实就在你的头顶，你却绕着圈子去追赶。

第三章

往事关灯了，勇敢毕业了

引言

总是有那么一段时光，我们特别勇敢。

总是有那么一段经历，我们什么都不害怕。

总是有那么一个故事，我们与往日的自己是那么的不同。

我们敢说敢笑，我们敢爱敢恨，我们甚至连私奔都敢一次次地去向往，并且坚决到，如果在我们相爱这件事上有谁来阻挡，那么私奔这件事，绝对就在当晚发生。

这就是青春桀骜不羁肆意挥洒的四季吧，在当时，似乎只有对，从来不会错。

但是当那段岁月远去了，当我们回想起从前，却会笑着觉得，原来自己曾经竟然是那么年少轻狂，真是像个疯子一样。

可以，即使老了的我们也承认自己当年的行为疯癫，然而再老我们都不会为那段时光和经历后悔，即使那时候受的伤还未痊愈，即使刚刚结痂的伤口随时都提醒着我们它还在疼痛。

青春，就是一场热情和勇敢的挥霍，哪怕是眼泪，也要挥洒得淋漓尽致。

当我们真正懂得人生路上的那些伤害和挫折之后，我们就会得到一本又一本的毕业证。有的叫坚强，有的叫勇敢……

勇敢的毕业证

有个陌生的电话连续找她两次，她都未接到。后来拨过去，一个很职业化的女声问她："毕业证，你还要不要？"

她很质疑，她的毕业证就在抽屉里啊，上个月拿画去参展她还用过。直到对方耐心地说出她名字的具体字、生日和专业时，她才想起，那的确是一本她曾经想要的毕业证书。

二十二岁那年，她从美院毕业，在一家广告公司做事。薪水不菲，工作不累，于是总有时间背着画夹，到处看，到处画。

秋天的一个下午，她在湖边画远处的芦苇，很投入，竟然没有感觉到天色在变化。直到画湖水，终于注意到湖面，而湖面有雨时，她才抬头，这一抬头，便看到她的头顶不知什么时候有了一把黑色的大伞。

举伞的男人很幽默地说，雨点可以画在纸上，但是不能滴在纸上。

他的话让她瞬间愣住了。她知道她那是因为喜欢，那时的她单纯得连勇气都清澈得仿佛一捧水，她不管跟他是不是相熟了解，她只知道他的话他的眼神让她的心在发疯。

她和三十三岁的他快乐地恋爱了，她认为年龄不是问题，就像只要调好手边的油彩，她就能在纸上画出她想要的画。

她像所有的女孩一样，不顾一切地深陷进去。当陷到最深时，她却又开始不能原谅自己。他是律师，她是学艺术的，周末腻在他的事务所时，她总是听不懂他那与线条油彩太不搭界的话，她觉得无法跟他交流他的工作是她的错。

于是她报了夜大的法律班，想要用她的抽象和鲜艳，去理解他的理智和逻辑。她学得笨极了，那些砖块般的专业书堆在床头，任何一本举到眼前都让她头疼，可每每想起它们可以让她跟他更亲近，她就又如同抱着宝贝一样捧起来背。

生活从此穿插着考试，两年中她顺利考过了三门，通过补考又过了五门。

渐渐地，她从一个对他的领域什么都不了解的人，学到都可以放下画笔，在事务所帮他起草简单的诉状了。

可是，就在她考完最后一科的晚上，他却要和她分手，他说他一直在等的那个女人回来了，在另外一个城市，他要去找那个人。

那科的成绩，及格没及格，她终没有去打听。她可以很勇敢很努力地去学习它，但当它被人觉得实在是没有必要、多此一举时，她不再有半点勇敢，甚至连去接受和在意一份答卷结果的勇气都没有。

这几年来，她那么胆怯，不敢去任何一个他们曾过去的地方。她辞掉了工作，躲在家里，白天睡觉，晚上画画。她的脸色苍白无比，见过她的人都说她病了。

她不是病了，她只是勇敢崩溃了，她只是因为心里放不下他。

没想三年后的今天，会有人告诉她，当初那最后一份答卷，她及格了，她其实早就拥有因为学科全部及格而该得到的毕业证。

突然间，她释然了，在这样一个陌生的电话里得到了解脱。现在想来，她被心里纠结几年的余情折磨，原来不是因为不能够放弃，而可能只是因为缺少一样东西来帮她放弃得更彻底。

她决定去领这个毕业证，带着她的笑容去领它回家，和她美院的毕业证放在一起。

它或许是很小很简陋的小本，也或许是像美院的一样是庄重的大开本，甚至可能也有深色紧密的绒布封面。但这都不重要，她只要它能告诉她那段青春里她所有的努力和伤害都已结束就好。

在带伤的爱情里，真正的勇敢，就是在心里努力去承认和接纳一本标志着过去统统已完结的毕业证书。

有很多傻女孩，发誓要为影子种一棵大树，岂不知，当大树长成时，影子就不在了。为影而树，是这些女孩这一生都要修行的课程，如果影子选错了，那么所有都是错误。只是很多女孩却还是会在这样的错误中彻底醉一次，最后才明白，永远都要为了自己而做好自己。聪明的女孩要懂得，把自己种成一棵大树，有自己的影子，如果那个影子是值得爱的，那么这也叫如影随形。

为影而树

他是理财师，因为是利用业余时间考上的，所以在整幢写字楼里都相当有名气。每每提及他，总是会有人说他不是人，是神。甲君说，多亏他给的理财规划，自己那辆车就是在他的建议下攒出来的。乙君说两年前他的几条小提议，让现在别人看他是房奴，实际上他是债主。等等。

当一个男人能被身边其他男人也佩服得不行的时候，那他是相当成功的，况且，他还很年轻，才三十岁。三十岁的男人，举手投足都是抹掉了青涩而又不放青春的吧，而且他长得还很帅。公司里有群喜欢看婚姻剧的女孩们八卦说，同样一件衣服，那郭晓冬穿来，肯定没他穿了酷，为啥？因为郭晓冬的气质，是好男人型的，衣服越居家越彰显特点，而他，属于拥有王子气场的。

这样的他，让她刚到公司，就被他迷住了。迷他的样子，迷他的智慧，迷他的骄傲，迷他的自信，甚至连他走出电梯的那个背影，她也是迷的吧。

迷得让她只能去做更好的自己，因为她正好是学财务的，于是决定像他一样，也去参加理财师的培训，也考理财师。

要知道，参加这种培训很贵的，一期的学费就得半年的薪水，而且考试还很难。可是她不计较，日子过得紧一点儿有什么关系，考试困难一些有什么关系，她有的是力量。她总是想，只要她考上了，她就和他有了共同的语言，他们就会有说不完的话，有感受不完的默契。

然而，她又知道，在考上以前，是绝对不能让别人知道的，包括他，她怕被笑话啊。他是个那么骄傲的人，如果他知道她揣着这样的心思后会投来什么样的目光？所以，还是偷偷地学习吧，等到有一天考上了，再说出来。

她很努力，每晚看书到半夜，周末两天也都在听课。

可是第一期培训下来，她的考试没有通过。但她没有退缩，直到第二期下来她又没有通过时，她才开始有些沮丧。看到那些砖头一样的书，以及因为节俭身上还穿着大学时买的裙子时，她真的有点想放弃了。

就在这时，她被公司安排和他去参加外省的会议，五天的时间，她那么近距离地见识了他的魅力，还有他对她的照顾。有个下午，他约她一起去商场，她以为他是要买什么，便跟着他走，结果走到了女装专柜，他给她挑了两条裙子。她不要，坚持中，她红着脸说她卡里的钱连买一条裙子都不够。他笑，说这还能难住他这个理财师啊，他们出差，自然有合理的支出。

裙子从颜色到款式，她都喜欢，她更喜欢的是，原来他是骄傲又温柔的。回来后，原本泄劲的她却更加努力了，就为更加靠近他，就为像他一样，她一定要考上理财师。

第三期培训后，她终于考上了。

她抱着证书来到公司，他不在，被同事们看到，都闹哄哄地说她好厉害，没见她学习，这就考上了。她心里甜蜜蜜的，并不是在虚荣，而是她觉得自己终于为暗恋的他，成长为了能够配得上他的自己。

上午他没回来，下午她等得焦急，一直等到快下班时，他才回，进来

就说今天在场的人都去聚餐，他花费一天的时间，敲定了一笔大业务，说完，就招呼大家去饭店。她那本证书，都没来得及拿出来给他看一看。

没想到用餐间，有同事提到了，说她现在也是理财师了，以后大家的个人理财，就指望他和她献策了。她心里暗暗地开心，等着他和自己谈一谈理财这个行业的历史、前景什么的，她保证可以跟上他的思路。

可他只是哈哈大笑一阵，什么也没说。饭间，她去洗手间，回来在走廊遇到他，他笑她说："你好傻，参加这种培训很费钱的，我当年考，是因为我女朋友在银行做行政，而她老爸又是上层，我没参加培训，他们就给我发了证。其实这理财，谁不会啊？不就是会精打细算一点吗？比如，出差时把纯粹的个人消费转换成公事消费，这就叫理财。"

她的心，当时就碎了。从未喝酒的她，再回到桌上就一直喝，直到把同事们都吓住，直到她感觉自己都像把过去喝死了一般。

她请假三天，再去上班时，看到他，觉得心里面什么话也没有了。这三天，她彻底醒了酒，也彻底醒了心，她懂得了，那份感情，不说是她一个人曾经的幸福，说了马上就会变成她对自己的羞辱。

原来，在女孩这一生要修行的课程中，为影而树这一课，如果影子选错了，那么就都是错误。只是很多女孩却还是会在这样的错误中彻底醉一次，然后明白永远都要为了自己而做好自己。聪明的女孩要懂得把自己种成一棵大树，有自己的影子，如果那个影子是值得爱的，那么这也叫如影随形。

爱情不是童话，生活中没有王子，而你自己也不是公主。

它是一切语言的范本，几乎每本书都比它美好，比它生动，但是绝对没有哪本书能比它丰富。小时候，词典掉在水沟里，弄湿了弄脏了，我心疼得直哭，把它摊在石板上晒，晒干一页后就用布擦干净一页，到最后它变厚了许多，我一直觉得那是因为它吸纳了阳光，还有我的喜爱。如果可以，我很希望有人送我一本这样不大不小的词典，它一定会是我最喜欢翻看的，一定会是我永远都会珍藏的。

1983年的商务印书馆

我的书，最容易找到的，不是最漂亮的那一本，也不是最喜欢读的那一本，更不是谁送的那一本。

它是硬封面，棕红色的布纹风格，在所有的书中，它看起来最为独特，它一共有781页，在我的书柜里，没有哪一本书能有它的这种厚度。

它的正身、侧身以及里面很多处，都有我的名字，铅笔字儿的、蓝墨水儿的、黑墨水儿的，从楷书到行楷，从别扭生硬到好看流畅，这些全是我在不同时期把自以为最好看的名字书写下来的。

它从二十年前就跟着我，出现在我学习过、工作过、生活过的一切地方。

它色泽里的那抹陈旧越来越饱满，饱满得让靠近它的尘埃再也不能轻易就可吹弹。

去年冬天，我整理书柜时，在纸上列了书目，其实书根本就没有多到

要做这件事的，只是当时心血来潮，很想体会一下图书馆工作人员的心情。

大概是性情所致，我一直觉得我最爱的工作，会是图书馆或是其他馆藏的管理员吧。

一本一本地写下书名，轮到它时，我却不知道写什么书目好。犹豫了片刻后，我将它写为“1983年的商务印书馆”。当然不是有心要在一张纸上故意玩一点无聊的别致，而是因为在它的封面上，我已找不到真正的书名，它上面就只剩下几个金色小字——“1983年”和“商务印书馆”，“现代汉语小词典”这几个字全被岁月或是我渗汗的手抹得没了踪影。

虽然连书名都被磨去了，但是我对它的信任却有增无减，以至于，因为它的存在，让我很不相信电脑，总以为鼠标的寻找太轻率，手上没有捧起它时的厚重感，总以为食指尖的力量太弱，我没有胆量去相信点击到的所谓的注释。

那天，我失了手，拿它时，只提了封面，然后我手上就只有封面，中间的那781页全掉在了地上。当时想去换一本的，换近年收录更丰的《现代汉语大词典》。但捡起它套好后，我还是放弃了，并仔细将它粘好。因为我看到书脊上去年贴的“1983年的商务印书馆”的白纸条，已泛黄地在接近781页中任一页的颜色。

我是想，换一本新词典，不见得会有留恋和喜欢。就像面对生活，换一种生活方式，一定没有换一种态度来得更恰当。

词典和生活，都只有一种状态，叫等待，等待每一双经过的眼睛，来找到它的真实。有时找不到，有时遭遇错误，只是你不认真而已。

那么，下一次来访“印书馆”，是去第39页还是第602页呢？明天的心情，是快乐还是忧伤呢？我想，不管去哪里，不管是何样，认真了，总是对的。

喜欢读书的人都知道，书本放在书柜里，先是给书房看的，再是给来看书房的人看的，而书本放在手边，才是给自己看的。手边的书堆，不叫凌乱，叫厚实，叫饱满，叫随心享受，叫宠爱时光。

手边的书堆

那天下午，在天涯居家装饰版块闲逛，看到一位网友图文结合，又生动又巧妙地晒自己数年的收纳体会和细节时，我不由地笑了。

在以前，我和她是一样的，除了吃饭睡觉，很多时间都会花在费尽心思地去收纳东西上。我总是非常讨厌桌上有东西堆放着，即使只是一把小小的指甲钳,要是有人用了没有放回那只专门用来存放小物件的乐扣盒里，我都会皱起眉头，然后不厌其烦地让它归回原位。

那时的我，对美好环境的要求是能收纳起来的一定要收纳，能藏起来的尽量都藏着。于是电饭煲、刀具都收进橱柜里，用时再拿出来，水杯、水果篮、纸巾盒等等这些本应放在外面方便取用的东西，我也花心思地给它们安排个固定位置，书本只能在书柜里，笔只能在笔筒里等等。

我每天都在收来收去，虽然有点累，当时却总觉得，劳累地收纳是为了让眼球吸纳更多的美好，我甚至无比喜欢来访的客人夸家里整洁。

只是后来才知道，有些东西是不能收纳的，比如书。

好友里有个美女常年混迹于大大小小的网上书城，只要是你想买的书，

没有她找不到的。大家买书都是找她，我知道后便也托她帮忙挑了一大堆。

快递员送来后，按照习惯，我抱着它们整整齐齐地一本本码进书房书柜里，关上柜门时还想，从明天开始，要读哪一本，争取几天读完，然后下一本再读什么。

只是没想到对着柜门许下的明天，会一再地明天下去。那段时间挺忙，接的工作多，晚上吃饭后总算有点闲暇，躺在沙发上很想看书，却因为累而嫌客厅到书房的距离远，而且目前正保持的这个躺的姿势那么舒服，真的是不想挪动半分。到了临睡前，柔暖的灯光下，想看书的念头再次升起，但依然是嫌麻烦，莫名其妙地觉得卧室离书柜的距离更远了，不愿意起身穿过客厅去书房。

如此，看书的意念每天都是一起再起，却总是迟迟不见行动。明明就在一个房子里，却一再觉得到书房的距离就是千里迢迢，而关着的书柜门仿佛也是有重重铁锁一般。

直到有一天，那美女说书城在做活动，买书折上折，我的心一热，又买下十多本。拆开包裹后，想起前段时间欲取书的那份艰难，突然决定不把它们放书柜里了。

茶几下面的隔板上放了三本，床头的柜子上放了五本，电脑旁边也放了几本，甚至包里也放了一本。没想到如此将书一本本地散落后，竟然会令我无比享受。因为从此无论我是靠在沙发上还是躺在床上，是在电脑前发呆还是在外面候车坐车等等，我想看书了，伸手就可以拿过来，那种感觉，有如世上最迅速的快递服务，有如生活中最惬意的愿望达成。

不过两个月，那些无处不在我手边的书就都看完了，把它们放进书柜码好时，阳光也欢快地扬过来，竟然让我心里有一种沉甸甸的美好，它超过了强迫自己去劳累收纳后得到的美好。

于是我明白，原来视觉上的美观，是最浅显的，真正的美观，来自饱满的心灵，就像手边的书堆，就像生活中那个终于懂得偷个懒去享受时光的小女子。

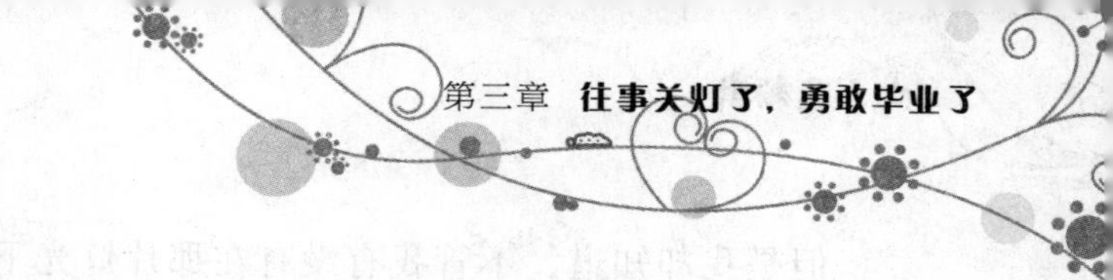

最温暖的灯光，永远是白炽灯洒下的。每当天气变凉，我都想把屋里所有的灯都换成白炽灯。我懂得，它是有气息的，它散布的温暖，真的会贴近皮肤，来到心灵。到了冬天，就觉得被这样一片灯光包容着就是幸福。母亲说，它是一把金黄金黄的谷子，会洒满屋子。

看不清楚的光阴

小时候眼睛好，冬夜坐在灯下陪母亲做针线活时，总会目不转睛地看着她手里的那根针，只为等她手里的那段线一用完，就自告奋勇地帮她穿针引线，然后得到夸奖。

除了我这个爱逞能的人总要帮她外，每做针线活儿时，母亲也会叫父亲帮帮他。

她总是叫父亲给她换一只电灯，通常也就是把二十五瓦的换成四十瓦，如果正好家里备用的四十瓦的灯泡坏了，那么父亲就会将电灯上的电线放低一些，如果不能构成垂直距离，他还会用根细麻绳绊住电线，把灯给牵拉过来。

日复一日，年复一年，那样一片更明亮的灯光，就一直在母亲的头顶。

后来我功课多了，每晚都关在自己的小屋里，再也没有时间去母亲身边逞能地帮她穿针引线。再后来我参加工作了，回家的次数越来越少，更是连母亲今晚有没有在灯下做过针线活儿都不知道。

但是我却知道，不管我有没有在那片灯光下，母亲有做针线活儿的夜晚，父亲就一定早早地帮她换过灯。

只是，我一直都无法明白，母亲的眼神一点儿也不坏的，她怎么就一定需要这样一盏正好在头顶的灯？难道是习惯，就像我们用电脑，不管需要不需要网络，都会一开机就先将网连上一样？

直到最近，我才明白。

其实这两年，我的生活也才算安宁下来。对一个女人来说，感到安宁有两种：一种是因为幸福而安宁，幸福得对于生活都不愿再要求，于是安宁；另一种是因为习惯而安宁，习惯了生活给予自己的众多不如意，接纳了承受了，于是安宁。

我不知道我的安宁属于哪一种，我只知道我在感觉到它之前，有过好长一段时间的不安宁，工作上、生活上、情感上，许许多多的事都让我感觉到焦虑和压力，重负的心，其实一直都太需要减压，太需要忘记，太需要沉淀。

因此我知道，我是不知不觉地就有了母亲的那些习惯的。为了让自己安静下来，我像她那样缝这缝那，缝靠垫、小钱包、购物袋、围裙等等，有段时间，我还强迫自己每晚都用一小时来绣十字绣，什么都不想。

这个夏天的天气，像个有暴躁脾气的人，隔三岔五地，总是带来雷暴天气，前不久的一天傍晚，我的手机又收到橙色警报短信，说三小时内有强对流雷暴天气。几乎就只是刚从阳台上收进来了衣物，它就来了。我是个没用的人吧，从小就害怕这样的天气，当时我独自在家，我关了所有的窗，拉严了所有的窗帘，为了让自己分分神不去在意天气，我还捧起了十字绣。可尽管这样，每一声轰隆都还是让我浑身一抖，后来甚至让我看不太清那些小格子，我不敢有其他怨言，就只在心里说，是这灯不够亮吧。就是说出这句话的同时，我感觉自己很像母亲，也就是在这个时候，因为理解了母亲手里的针线而理解了她所要求的灯光。

母亲真正在意的，是她的时光里，有父亲的参与。家里其他事，他们都是一起去做，只有她做针线活时，父亲帮不上忙，于是换灯泡、放长电

线绳，就是母亲邀请父亲的参与。而这种参与，就是那种对生活不愿再有要求的幸福。

每个女人，在不安宁的生活中，其实都是心比身先老的吧，她们会在看不清楚的光阴中，不知不觉变成自己母亲的样子去要求一片正好在头顶的灯光吧。

只是，我不知道，他是否会像我的父亲一样，也懂得为我换盏灯，或是陪着我使我不去害怕雷声。

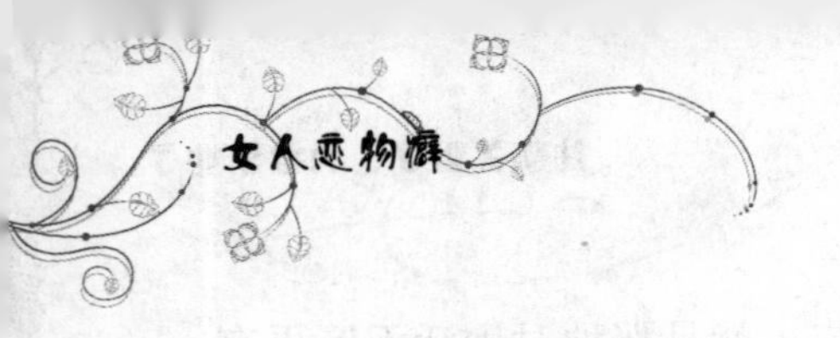

《我爱记歌词》，这是某电视台的一档娱乐节目，它互动性高，拥有的粉丝逐期渐涨，惹得许多电视台都纷纷效仿。但是，对于70后来说，"我爱记歌词"最狂热的举动，最炫的方式，是曾经写歌词写满过三大本，本本都好听，本本都会唱。

歌词本，我自己的LRC文件夹

那次回老家，她意外地得到了那把旧钥匙。

之前有好多年，因为找不到它，在想起一些往事时，她总是会觉得那些年的光阴顿时被阻隔，有一种被她丢失的感觉。

那把旧钥匙，是家里老式五屉柜中的第一个抽屉的钥匙，是它锁着她从前的秘密小空间。和许多女孩一样，那里面有许多远方的来信，有她十五岁到十七岁的日记本，甚至还有她都不敢大胆放在影集里的别人的照片……

除此之外，还有三本笔记本，她很清楚地记得，因为认真，它们都被写得满满的，因为谨慎，它们上面没有一个错字的墨团。

当爸爸把那把锈迹斑斑的小钥匙给她时，她的手有些微抖，内心的周折愉悦又复杂，好像是要去见一个老朋友，好像又害怕老朋友早已忘掉她，好像是要去延续一些什么，又好像是担心就要结束一种想念。

它们是三本歌词本，分别记载着1995年、1996年、1997年的流行歌歌词，它们的扉页上有一个相同的人名，被写得很周正，一看就是练过好

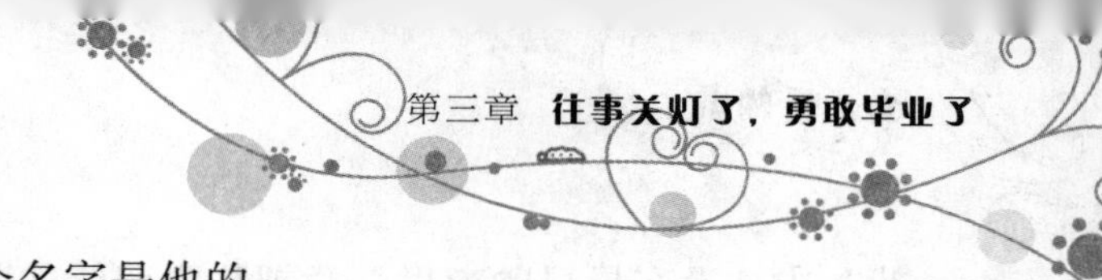

多回的。字体是她的，但那个名字是他的。

他是她的同桌，忧郁深沉的一个男生，喜欢小说，一本又一本地看，她从来不知道那些是什么人写的。他还喜欢唱歌，却是班里唯一没有歌词本的一个，他对她说过的最动人的话是：你的字，真干净，很漂亮。

就是因为那句话，她决定为他抄歌词为他做歌本，凡是班上流传起新的歌，只要有了最初的歌词范本，她都会借来抄。她小心得比记课堂笔记还认真，谨慎得都会用手绢擦干有汗水的手，她只允许自己用蓝色的墨水，因为她总觉得蓝色看起来更清澈。

只是十五岁的女生，勇气才刚刚发芽，她不敢把它给他啊。她总是想，等到三年后毕业了，再给他吧，然后把自己心里的故事也给他。

但是三年后，却已有别的女孩把心给了他，把约定也给了他。她曾经蹲在炉火旁，想往火中一页一页地投入它们，最终却还是好好抱紧。

这件事带给她的伤，又疼痛又明媚，多少年来，她唱歌只记旋律，再不记歌词，以至于工作后和朋友去唱歌，她总是一个"啦"字就把整首歌哼完，被人笑话时还假装得意地炫耀，说屏蔽了歌词的束缚，音乐才得以美妙。

她知道，她是无法忘却那三年的书写，甚至只要她提笔，就会突陷惆怅，幸好现在的工作和生活中，笔和墨水一天比一天因为陈旧而淡出，她没有了书写的认真和流畅，也就淡忘了曾经那傻傻的成长。

但是今天，当她打开抽屉，翻开它们时，她还是一触即发地记起了一切，仿佛它们从没有淡出过她的声线，一首又一首，她轻轻地吟唱那些老歌。心里的难过恢宏又隐忍，她害怕，却也往事堆积了，她回避，却也让回忆归来了。

她以为她会被往事击伤，但是没想到，当她唱完一本歌本后，他的面孔渐渐模糊了，最后记得的，只是她那未曾交付的初恋，她那未曾勇敢的认真，她那未曾表白的一段话。

这个下午，老家的窗外飘着小雨，爸妈在院落的墙根下小声叙话，她半掩的门连风也不忍来推一下。当她低声唱到最后一首，许茹芸的《独角

戏》中“没有星星的夜里，我把往事留给你”这一句时，她在哭，但心却宁静了。

第二天离家时，她把钥匙还给了爸爸，说东西清空了，那个抽屉可以放点什么有用的小东西，像户口本等等。爸爸接过钥匙，却丢了，说她不用它时，就不用再锁。

爸爸是个粗心的人，唯对女儿有一份细腻。她懂他的意思吧，长大的女孩子，是不需再用锁留住一些故事的。

回工作地点的车上，身边有人戴着耳机在听歌，但是不小心用了外放自己却不知道。她那未曾完全由回忆里退出的心，很开心有这份分享，她安静地听着，当听到一首歌时，她竟然有了当年的那种情怀，她轻轻地碰了他一下，问他刚才是什么歌。

他说他不知，MP4 是同事的，里面都是老歌。于是她说，可以让她抄下它的歌词吗？

对着 MP4 屏幕上滚动的那个 LRC 文件，袁惟仁的《回忆》成了她的歌本上的最后一首歌词，被写在 1997 年那本笔记本的封底上。

三站路后，那位朋友下车，取下一只耳机，微笑示别。她头靠着窗，看着封底：回忆像一支铅笔，没有颜色却有清楚的字体……

自此，有关一个男生的回忆全部终结在这里，她把它捧在怀里，注视窗外，风景流过，心情流过。

那些年的女孩，每个人都有一本歌词本，用不同的字迹，完成了属于她们自己的文件夹，是心情，是故事，是经历，最后是回忆。

而此时，对于当时的歌词本，她也有了更成熟的理解——曾经以为歌唱你就是深爱你，但是当年华逝去，怀念升起，才知道书写你才是深爱你。

童话书的美好，只在内心纯净的人那里。即使你不优秀，即使你不年轻，即使你遭遇苦难，即使你听不见，但是只要你能从童话书中懂得美好，你就是纯净得让上帝都会疼爱的人。

听完最后一个童话

她不喜欢他，觉得他太平常，唯一的长处似乎就只是脾气好。

可一个男孩脾气好要算作优点的话，也是有前提的：若是长相俊朗还脾气好，可以得八十分；若长相不济但有才有绩，再加上脾气好，也可以是八十分。

而他两种都不沾，所以他的脾气好，只能说是他连个性也没有。这样的人，她连做朋友的兴趣都不大。男性朋友还是得意气风发豪迈江湖一些才对，那样的男子才可为自己两肋插刀肝胆相照。

可是他却很喜欢她，从一开始就是。原先两人在一个公司时，他给她准备零食，准备雨伞，甚至连她桌上的面巾纸用完了他也总记得给她再放一包新的。可他为她做的这些细细碎碎的小事却让她很不屑，真浪漫都是由大心事托起的，她觉得越是细碎的关怀，越是显得小家子气。

每当他陪着她加班，她都觉得讨厌，讨厌后又责怪自己浪费情绪了，不理就是，何必把心情弄得跟他有关。

终于，她成功跳槽去了另外的大公司，那里不乏八十分甚至一百分的男孩，他们大树一般地在她周围，把那天来找她的他，比成了卑微而又不

自知的草。

他来，是给她送寄到原来公司的一些邮件，除了那些东西，他还给她带了她以前爱吃的那种提拉米苏。他走后，公司里最帅的经理跟她开玩笑说：“这是你男朋友啊？”

本来就怨他多事，一听这误会的话她更难过地哭了，那感觉仿佛就像是即使把她和他误会在一起一下，也让她很委屈。

却不想这眼泪让她拥有了幸福，那经理竟然喜欢上她了，说她真是特别，他都没见过这么害羞的女孩。

经理的喜欢，让她很欣悦。她承认她有点虚荣，要知道，经理可是整幢写字楼里未婚女子梦想指数最高的男人。

她开始给经理准备早餐、咖啡，还有办公桌上一盒又一盒的面巾纸。做这些时，她充满幸福感，总觉得把这些爱的小心思穿插进工作里很温馨很浪漫。她丝毫没想起以前也有一个人，这么孜孜不倦地为自己做过，那个人大概也有她这样的感觉。

一个周末，她在商场遇到旧同事，同事是做财务的，喜欢数字和琐碎。聊着聊着，同事说起他上个月扣了九百块钱，全是因为早退，昨天他还在会上作检讨了，说迟到的原因是给家人送伞。

她听了觉得好笑，觉得旧同事和他都特神经，旧人旧物她都不留恋啊，凭什么就认为她喜欢听这些而来给她讲。而且，他本来就不优秀，迟到，还为迟到找可笑的理由，又不奇怪，这也值得八卦一下啊。

梅雨季，公司里常有人抱怨这该死的天气，那天和经理刚进电梯，就有人湿漉漉闯进来，叫着 Oh my god。她是公司里的新人，刚留美回来的女孩，被淋得连胸衣的花纹都清晰可见。当时，她有点可恶地觉得自己好幸福，因为她天天都在经理的悍马越野车里，只有甜蜜，没有大雨。

那天经理外出了，快下班时她倚在窗口往下看经理的车什么时候回来，却意外地看到了他，举着一把伞，抱着一把伞。她飞快地把脸缩回。他抱着的红伞她太熟悉了，有一回要下雨她拿他给的伞回家，下车时忘拿，不想欠他的就特地买了新伞赔他，后来再有雨，他给她准备的就是它。

同事们都走了，经理依然不接电话，她边玩游戏边等他。天黑时隐约听到楼下有喧哗，她想他肯定已经走了，就决定下楼去等。

刚出电梯，就听到有人叫她的名字。她循着声音看过去，是他，他竟然还在这里！但是此时，他正伸着双臂拦着一辆车，大声重复地说："你不能这样对小记，你不能这样对小记。"街灯车灯都照着他，雨也淋着他。

车是经理的，她正要过去，却看到那个海归女孩在车里坐着，而且女孩的头还靠在经理肩上。

瞬间，她明白了一切。他天天来送伞，原来是要送给她，只是每次送来，他都远远地看到她上了经理的车，她根本就不需要。还有，公司里的人说经理是个花心大少，果然没错，她成了他的旧人，女孩坐在了新人的位置。

她哭了，很想冲进雨里，有车没车有伞没伞都将眼前的这一幕丢在雨幕里。但是还不等她抬起脚，就发生了她不想看到的一幕。他们的后面塞满了老长的车，经理被烦得恼了，冲下来拉开挡在车前的他，还用力地打了他一耳光，叫他"神经病"。

他后退数步还是滑倒了。她想去拉他，终因经理的车开走引流了长长的堵车而无法迈步。十多分钟后她能过去时，就没再看到他。

几天后，她辞职了。她想约他吃个饭，他这样的男人，还是足够做朋友的。她打电话到旧公司，才知他也辞职了。

再遇见已是一个月后，在 QQ 上。原来他也是睿智幽默的，和他聊天很愉快。

那天两人聊到很晚，下线时她说："等等，我传个故事给你听。"

再上线时，他告诉她说上次那个故事很美。她说那是她的一个做电台主持人的朋友自己录的，读的是她珍藏许多年的一本童话书。

他说好听，故事也好，她便每天传一个给他。每个第二天，他都会说故事很好。她见他这样说，会看着电脑屏幕笑，她也觉得它们好，要不然，她怎么会把一本童话书珍藏这么多年。

童话书一共有五十二个故事，也就是有五十二个语音文件，在传完第

五十二个故事后，她突然觉得时间过得很快，而故事却越来越美，她知道是怎么一回事儿了，所以在给他传最后一个童话时，她打给他一行字：听完这最后一个故事后，我们就相爱吧。

他不回话，她发送视频请求，一遍，几遍，他终于接受，然后两张流着泪的脸都在对方的电脑里笑——他看到她不再卑微，她看到他不再轻视。

其实，半年前她就听说，经理那天下手狠，那两耳光的冲击让他失去了听力，到现在还没有恢复。

这五十二个故事，他现在是听不到的，但她却慢慢地让他听到了她正在喜欢他的心声。

爱情童话之所以美丽，是因为每个故事里，都有两颗终于一起纯净的心。

回忆，然后不忘记，再回忆，然后更加难以忘记，我们就是如此，一层一层地让我们自己的心成为我们那酸甜参半、苦乐参半的往事备忘录。当往事也决定关灯入被了，我们是否也该超然一些，让过去不好的一切，被自己的豁达捂出美好来。

往事关灯入被

她发誓要忘记他，因为攒在心里不忘记的话，不仅没有甜蜜，反而那整整十年的过往，会如同千块砖头一样，足够把几个她都给压垮。

于是，为了忘记他，她想了一个又一个的办法。

最开始是在每个寂寞四伏的周末邀请一大堆朋友来她家里聚会。她同他们谈天说地，唱歌喝酒，嘴不停地说，手不停地舞动，在光影声色中，因为酒精的力量，从前的现在的，一切都是既真实又虚幻，那种模糊的感觉刚刚好，没有真忘记，但也没有去记得吧。可是，等到酒醉了，她却开始控制不住自己的真言豪吐，一次又一次她借酒坦言后，突然发现，心头该走的没走，不该留的依然盘根错节地粘着她的心。

然后她决定把之前和他去过的地方都再走一遍。脚还是当年的脚，地还是当年的地，只是这一次风尘仆仆地赶去踩，踩得很伤感，她是要来完成一场铭记与相忘的答谢礼，期待可以从南至北从东而西地把曾经获取的记忆全部奉还。可是她没想到，任何一种形式的礼尚往来，都不似感情来得复杂无礼，一身疲倦地回来时，她的记忆不但没丢落于原地，反而双重

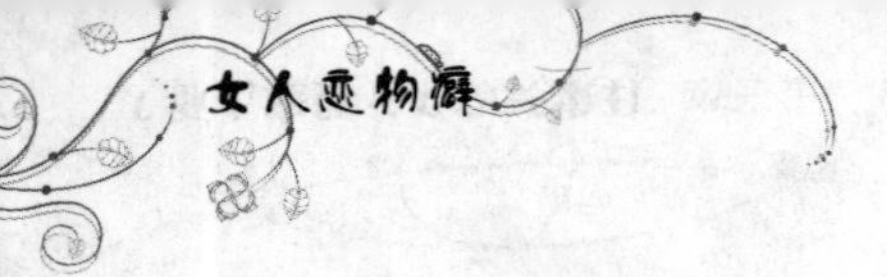

双生，更加磨心。

于是她决定迅速地把自己放进新的感情里去，重新对一个人如樱花般地浅笑，重新期待一个来相见的脚步声，重新等一个电话号码的来电铃声，甚至重新在心里练习，当哪一天这个人说他爱她时，她就赶紧接话说："我也是的啊！"然而一切似乎都可以重新来过，唯独感觉不对，这个人的笑、这个人的声音、这个人背影里的发梢，让她总是提醒自己：那是与他不一样的。于是她终于还是把心里练习过的那一句"我爱你"在心里默念给他。

最后她用了最简单的办法——享受美食。顿顿大餐，天天睁大眼睛竖着耳朵寻找有关美食的良好反馈，下了班就没命般地奔去，一个人吃还不过瘾，还电话邀来三五好友，胡吃海喝，过得完全不像一个小女子。食物的美好很直接，渐渐地她真的好像以为这世上再也没有比有口福更妙哉的事了，可是某日对着镜子，她突然黯然泪垂，她还是喜欢过去那张被他捧在手心里的清澈小脸，她要变回去。

……

为了忘记他，种种方法她都试过，在所有的失败里，别人都觉得她很无奈地脱胎换骨了，除了他还在她心里。他们都替她难过，因为他仍在心里地脱胎换骨，是一种又尴尬又苦难的滋味吧，因为点滴都以不对等的状态在心里摩拳擦掌，不给答案，让她痛心疾首地认为原来相忘是世上让坚持最相形见绌的事。

其实不然。

在所有的方法都用过后，她反而不那么紧张了，大概是因为再也无能为力，她反而松懈下来。她索性不管不顾，他在心里浮出来也好沉下去也罢，她每日都要早早地洗澡，先看会儿书再拥着被子睡觉，睡前要想想与他有关的往事，想到哪里是哪里，不再以要忘记的姿态去忘记。

她奇怪地发现，如此，她竟然发现她的心总是生发感激了，她会想曾经在聚会中醉酒说过多少真心话，会想他们去过的地方哪一处更让她怀念，会想除他之外也对她说过"我爱你"的人的眼神是多么温暖，会想自己以前为他一再瘦身后来竟然也为他肥胖过……

想完这些，她关了床头的灯，钻入被子里，就只留双眼睛在棉被外看窗外的星空，会心甘情愿地笑，会心甘情愿地揪心，会心甘情愿地不再责备自己。还有，也会心甘情愿地认为，原来最美好的就是还没有将他忘记，就是感激生命与他有关过。

手握终点牌的人，总是豁达许多。感情戏，既是联袂戏，又是孤单戏，但不管怎么去进行，坚持送爱到终点的那个人，其实是更幸福和更坦然的那一个。

送爱到终点

两年前，她的婚姻开始出问题了，他不仅不爱回家了，还经常性地不给半个理由就夜不归宿，而且总是出差，一出差就是十天半个月的，整天还像座冰山一样冷，冷到常常无视她的存在。

她先是忍受，后来实在是忍得难受，便去找信得过的朋友倾诉，每一次，都哭了再哭，回来时，眼睛又红又肿。

朋友心疼她，好心劝说，让她现实一点，明白一点，早点离了对她来说是一种解脱。因为很明显啊，这种局面已经毫无挽救的意义了，那个男人都不在她的被子里了，她何苦还拉扯着要帮他盖好护好，生怕他受冷着凉。

也有精明一些的朋友告诉她说，她该两手准备才行，把财产存款悄悄地多归入一些到她的账户，最后他能走过迷情期，她得到一个金不换的回头老公自然好，不能的话，至少在物质上她有保障，婚姻中凡是移情了的过错方，求的是早脱身，多半不会要把筷勺来对半分。

原本以为她这就清醒了，可偏偏是因了友人的鼓劲儿和良言，她却安静了，不再找他们倾吐，也不再哭得红着一双眼睛。

一年后，他的不好变本加厉了，都发展到觉得不再有对她撒谎的必要，也不再回避周围人的眼光，他都和那个情人另筑爱巢同进同出了。

很多人都议论说，这回她总该提出离婚了吧，这已涉及脸面了，不离的话，会比让人打耳光还难受。

可是她依然不闹不哭，不仅如此，她甚至还把她那无处可付的一腔深情洒向他家人了：小姑子要出国读书，她把存款清空一半让小姑子带走；公婆轮流住院，她又以天下最贤惠之媳妇的姿态出现在医院收费处和病床边。

朋友知道后直跺脚，由劝到怨，怨她糊涂，他都拿她当空气了，她还在试图慈悲，他看不见的，没有用的。可是她听了，还是不提离婚，面对空空的家，安静地去承受一切。如此，想劝的人，再也没了那力气。

日子在一种刻意的安静中过着。又一年后，她的故事按通俗的情节收尾了，他以分居两年为由，用法律的名义让她给他放了行，结束了他们长达九年的婚姻生活。

朋友赶紧跑去安抚她，这回是由怨到怜，怜瘦弱的她，此时她体内那回肠九转的痛苦怎堪忍受，换作别人，不病倒、不疯掉才怪。

可是，奇怪的是，她连哭都没有，她是以一副许久不见的光彩容颜来面对友人的。

她说没事的，她不过彻底走完一场爱而已，走完了，现在反而轻松了，很彻底地轻松了。真正是爱的话，就应该如此才好，是以爱的样子去开始的，那么也该以爱的样子结束，如果让爱半途成恨，恨到终点，倒是枉费了当初爱时的那一番精细的心思。

末了，她还说："其实你们不知道，我比他好。"

朋友大悟，她原是至情至慧的女子。她如此，才是对他们那段感情的真正的清空，而他，眼下是如愿抛旧拥新，但是总有一天，负疚会浮上心来，沉重得让他也体味到她这两年坚持爱的那番痛楚的，不同的是，她痛中是爱，而他，痛中是债。

感情戏，既是联袂戏，又是孤单戏，但不管怎么去进行，坚持送爱到终点的那个人，其实是更幸福和更坦然的那一个。

恋爱了，是晒，还是不晒？是敢晒，还是敢不晒？

想要问问你敢不敢

敢不敢晒？

我的朋友中，海丽是最特别的一个。从十八岁到二十八岁，她谈过N次恋爱，场场都精彩，虽然现在仍然单身，但却也是充满希望地形单影只着。

她很美，在二十八岁的女人堆里，她看起来顶多二十三岁，以至于她每次一出现在同龄已婚女人中间，都得遭白眼嫉妒。

她也不太挑，整整十年，她的择偶标准根本就没发生过改变：一米八，小眼睛，三十五岁以内，有事业心，有爱心。

这些年，凭着良好的自身条件以及这一点儿也不高的择偶标准，她遇到过不少合适的人，每次她也都是很投入地去爱，但就是没有一个和她走到最后。

问原因，她倒也明白爽快，咯咯地笑着说，是因为她把每一次恋爱都当成第一次来对待，这样的状态，对方并不见得受用，或是对方的节拍跟不上，于是好好的开始到最后竟然希望渺茫，只好分手。

她还真是如此。每一场恋爱，她都进行得很高调，每一次恋爱关系确定后，她都要说给周围的人听，是以那种很幸福很痴迷的样子来说的。前几年，大家都还说她勇敢和深刻，但是到了后来，大家都认为她有些勇敢过了头，好像她完全没有自知之明，根本就忘记了她已二十八岁似的。

多数人都告诉她：你来跟我们讲你的恋爱时，你得多考虑一点，最起码你得考虑一下你能和这一个长久吗？你们一定会结婚吗？答案若是肯定的，那么你来晒吧。如果不敢肯定，拜托你还是不要晒，说句不好听的，你盲目地晒得越多，晒得越精神，而到最后你没能让我们的期待顺利地众望所归，那不仅是你的悲哀，更是我们的，因为之前我们听了那么多看了那么多，原来什么都不算，好浪费时间哦。

其实生活中，总是有像海丽这样勇敢到不顾一切的女孩子，不仅敢不顾一切地去爱，还敢不顾一切地让她的爱被所有的人知道。

那么她们对吗？恋爱了，应该晒吗？

这完全取决于当事人吧，觉得唯有晒、唯有开开恋爱新闻发布会才能表达自己拥有爱情的喜悦，那么就请尽情地晒吧。

只是晒归晒，晒了以后还得像我们的海丽一样，每次晒后失败都不被打败。勇敢的女孩子，有时候并不在于她的勇敢做成了什么，而在于她一直都会勇敢地去做什么。

敢不敢不晒？

大概性格内向一些的女孩子，不管做什么事，都不喜欢张扬，简单地说，比如她升职了，她不吱声，她涨薪了，她也不张扬。这里面当然不是因为怕说了会被别人讨厌，甚至会被别人敲竹杠要请吃饭什么的，而是她们根本就没有觉得这也可以当成一件事来说。

这或许就是骨子里与生俱来的一种低调吧。于是这种性格的女孩，即使她恋爱了，也肯定不会说，哪怕她与某个男子的遇见浪漫得让任何一部经典爱情电影逊色，她也绝不会主动说："呃，你要听我的故事吗？保证赛过某某某的。"

不是要瞒，不是闷鸡埋头啄白米，仅仅是她们的观念里，不觉得自己爱的美好或是糟糕是要把双手拢在嘴旁，向世界来宣告或倾吐的。

有人会问，这样幸福吗？都跟只铁核桃似的憋着，像地下党的恋爱，哪有什么幸福。

其实不然。这种不记得要晒的恋情常常都是幸福百分百，美好会满满

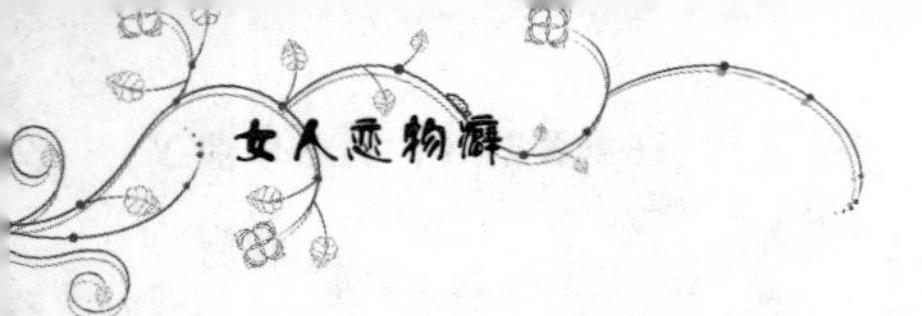

的，直到自己有心要留都留不住，不知不觉地，便于笑容中于神色之中无意地散发出那么丝丝缕缕。也往往就是这一丝半缕，让身边的人突然感觉到，原来她竟然在不动声色、由内至外藏都藏不住地进行了一场恋爱啊。

这种猛然发现，是会让人更加羡慕的，因为兴奋加羡慕，有些人有工夫了还会去研究，为什么她可以如此幸福？她的恋人是谁？她和他怎么认识的？会有结果吗？他们似乎都想弄个明白。

而她就是被逼到了墙角，也总是淡然一笑，并不多言。自己的恋情，自己与他的美好心跳，都是自己的，自己感受就很好，为什么要说出来？幸福是他们两个人的事，有没有人看，看的人多不多，实在是无关紧要。

看看，这世界就是这么奇妙，因为幸福的人敢不晒，他们的幸福指数、被羡慕、被关注的指数往往更高。偏偏有些人，生怕别人不知道，一开场刚牵了根手指头就唱高调，向全世界宣言他们会结婚，结果到最后，可能让所有的人都看到美好沦落为糟糕。

所以这晒或不晒，都是需要勇敢和自信的。

要晒，就要有晒的勇敢和自信。不要晒，也要有不晒的勇敢和自信。不同的是，前者的勇敢和自信来自于自己，后者的勇敢和自信往往来自于爱情。

一年三百六十五日，都刻在它身上，翻开来读，每一天都有故事。当翻完那一本台历，它便仿佛是一块吸吮了全年故事的海绵，会沉沉的，也会有最后那一个明白的封底。

台历的姿势

年底购物时，各商家随赠的小礼品有很多，她并没有太去在意，对于喜欢物质又有经济实力拥有各类品牌的女子来说，那些小礼品即便是做得再精致，也实在是连半点惊喜都不能给她。

之所以还得拎回来，是因为十二岁的小侄女喜欢这些小玩意儿。她把它们全都放在一个抽屉里，等着小侄女哪天来了拿去玩。

那个周末小姑娘来了，对那些小布绒、小包包、水晶之类果然都很喜欢，除了一本台历外，开心得全都给打包收走了。

她翻转着那本巴掌大的小台历，就要把它扔进垃圾筒，实在是用不上它啊，公司新年时印的还有一大堆，前不久才被清洁工给收走。至于家里的电脑旁，她一向是不喜欢摆放台历的，白天在公司数着日子忙碌，晚上回到温馨的家里，她只想放松休闲，不想清楚地记得此时是几月几日周几才好。

可是，就在要脱手的那一瞬，她却抓紧了它。她目光温柔而留恋地在灯下一页一页地翻看着它，细细密密的心思便也一层一层地由眼底散开来。

她突然把一本小台历视作宝贝的原因是，小台历上有十二张图片，那

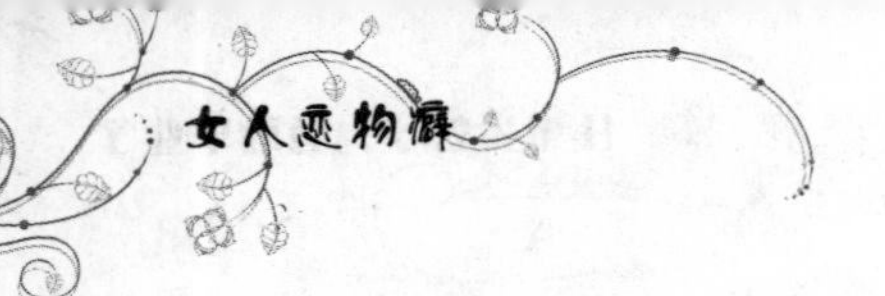

是某个男明星的照片，每张上面那微微上扬的眼神都是她喜欢的，嘴角上总有的那一抹骄傲也是她喜欢的，还有许多许多也是她喜欢的。

这个男明星像极了她心底的那个男人。

装进包时，她小小地犹豫了一下，有点不敢带去办公室里放在办公桌上，怕有人知道原来她一直没有男朋友是因为在暗恋他。因为在公司里，他的代用名就是台历上那个男明星的名字。但是后来她又想通了，告诉自己，这可是一个杀手级别的男星，要是有同事取笑揶揄，她只管说自己是男明星的粉丝就好。

第二天阳光很好，她把办公桌擦得像新的一样，而且还不嫌麻烦地挪出里角那堆资料，让小台历独自在那里，像个温暖的小港湾一般。

别人的台历，每月翻一次，翻时随意得不带表情。可是她的台历每天都在翻，一次一次，每次都翻得心里暖暖的。暗恋的蜜汁，就是如此独自享受的吧，要多浓稠就有多浓稠。以前想见他，她总要花心思在公司大楼里制造一次次巧遇，比如频繁地去模型室，因为这样会经过他的门前，比如他喜欢周五加班，每逢那天她也是迟迟不肯走。

但是现在，多么好，想见他就只要转过台历就好。面对男明星，一如面对她心底最特别最迷恋的他，暗恋与追星混合的感觉，让她二十七岁的心思也青涩和更执着起来。

她的生日恰逢一个节日，因此没有人记起，没有任何祝福。

下午，坐在办公桌前看着二十一楼窗外的白云，她突然感觉自己那被忽略的祝福有些像裙摆上她早上弄上去的安娜苏香水一样开始变淡，也许等到五点下班，便弱得一点味道也没有了。

她忽然想，一定要想办法见他一面，这就是自己给自己的礼物。毕竟喜欢他这么久了，她一直默默地期盼着可以得到一个辗转而来的终点。

于是，她去了模型室，假装了解公司新产品的构造。可经过他的办公室时，看到那扇门紧闭着。她好失望，接着又好难过，因为在从模型室回来的时候，她知道了答案。

有人在电梯里议论，说他请假了，为了和妻子过结婚十周年纪念日，特地不远千里昨晚就驾车去海边了，说他的妻子要过一个在海边的结婚纪念日，说他们甚至还准备了婚纱，还有当年没有钱买的钻戒。

原来，台历上的这个日子，既是自己值得拥有幸福的日子，也是别人有幸福需要完成的日子。走出电梯后，她的呼吸便哽住了，回到桌前，看着那本小台历，用最快的速度明白，他和男明星没有半点儿关系，只是她太想拥有爱情了，只好拿天天都可以看到的照片上的眼神当做是他的那一抹。或许，一直打动她的，就只是那个男明星，他根本就没有真正参与进来。也或者男明星也不是，无数个日子的迷恋，只是她心底在渴望着一个正爱着她的男人。而他，永远都在自己看不到的那一面。

台历的姿势总是寂寞和孤独的。如果迷风景，就得舍弃流年；如果想日日珍惜，就得不管心的涌动。因为十二页的台历通常都是这样印刷的，正面印着月历，反面印着风景，你不能同时都拥有，你要随时注意月历，风景就得放到后面，你要看风景，日子这一面你就无法看明白。

你必须得旋转一百八十度，才可以看到另一面。

而单恋的人，都得自己旋转一百八十度，才能丢下那个恋着的人。二十八岁那天的下班前,她扔台历时便捡回了岁月中那个曾流离过的自我。

所有的法律文书都是理性的，每个字，都没错，每句话，都严密。但是如果某一天，它在某个故事里突然也感性起来，那一定是因为有不一般的爱。

非一般弃城

她在整理东西时，发现一张打印于2005年12月的文书，纸张略略见黄，在采光不太好的房间里，有种薄薄的冷，以及冷冷的透彻。把它仔细地读完一遍后，她打电话给在上海的朋友兰妮。

兰妮的状态听起来颇佳，于是她就省了问候，直接跟她提那件文书，说三年期限已到，那个判决是否执行。

兰妮的回答，简洁得让她意外，然而她听了，却连一声惊讶都表达不出。那是她心里最期待的吧。

六年前，兰妮在一次订货会上遇到他，两人一见倾心，很快就结婚了，结婚后便离开了这个小城市，随他去了上海。次年的同学聚会，便不再见兰妮。不过在聚会中途，兰妮礼貌地打来电话，开心地同每个在场的同学都通了话。

最后一个通话的是她，她刚想要怪兰妮让她度秒如年，让她对她的祝福迟迟不达，却听到兰妮在低声地哭。

她觉得奇怪，便走出门外说话。

兰妮告诉她说他们其实已经回来了，只是不想来参加同学聚会，但是现在却想见她。

按兰妮说的地址，聚会结束后她急急地赶了过去。

他们坐在沙发上，对她说他们的苦恼。兰妮说自己以前是放弃一个城市追爱情，现在却想放弃一个城市躲婚姻，并举了个无数个两人在一起生活却又不快乐的例子。

兰妮说没想到婚姻给自己的感觉是如此的不堪忍受而又不想放弃，它就好比选择了一款价格不菲却又不易上妆的化妆品，每天举在脸前，总是不知该如何是好。

她不觉得他们之间有问题，于是笑着问他们："难道你们不爱了？"

话刚说完，他却大声反驳："不是那样的！我们想要跟你说，我们只是陷入困境，却又没有办法。"

然后兰妮接过话，岔开话题，向她问了一些工作上的事。

最后他们才说，他们回来找她，是因为他们需要一份判决书以及一个优秀的见证人，他们想让她帮他们起草一份正式的离婚判决书，但是最后务必要写上双方均要求三年后执行。

她每天都会接到离婚的案子，说实话看见别人硬生生地把同路变成陌路的滋味并不好受，它一度让她觉得男女感情苍白又虚假。

在他们执意要求下，她还是那样做了。那张最特别的判决书一式三份，她和他们每人各执一份。第二天，他们回去工作了。

这三年，她依然每天会面对入城又要弃城的离婚男女，偶尔想到兰妮，都有一种不太真实的感觉，这种感觉让她良好的祝愿总是被情感的现实逼得浮不上来。好几次她拿起电话又放下，他们在一个期限里自欺，她又何必来一声打扰伤口的问候。他们回到上海，同路或是陌路，争吵或是和好，她都没有确定的方向去祝福或是安慰。

但是就在刚才，兰妮告诉她，他们要生宝宝了，上帝很关怀他们，她怀的是双胞胎。兰妮说正是那份判决书上的三年让他们回到上海后相知相惜，然后很努力地去创造更长的执行期。

她欣慰地笑了，为从未有过的感觉。

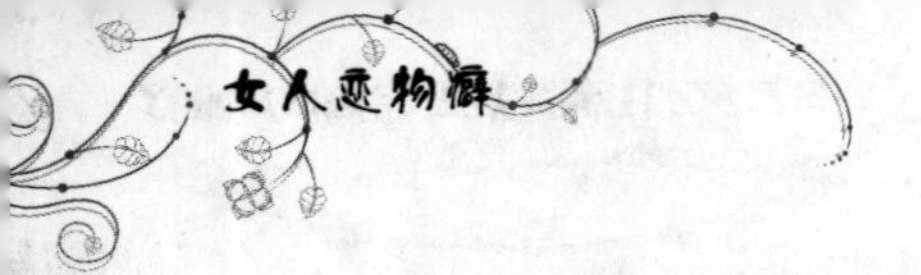

原来，有时候挽救爱的方式是可以狠一点的，即使是逼上绝路的狠也是可以的。

所谓绝处逢生，就是因为深感来日无多，你才会坐拥一段无比冷静的时光，你才会想到珍惜，你也才会更狠地不肯放弃。

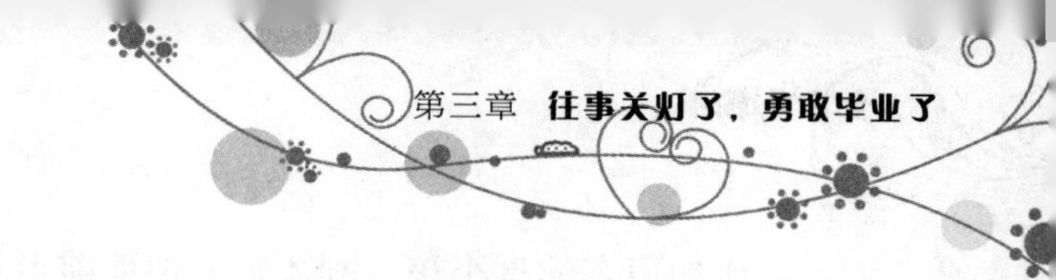

最好的书签，是我们手指的记忆，它总是知道我们的眼睛，读到哪里了，它总是在我们心的指引下，去记取和触摸感动。

手指耕读

她租住的那幢楼，又老又旧，而且楼道里一直是没有灯的，所以每次她加班后回家，都觉得这个家黑黑的，没有一点温暖。

但是那天她回来时，却看到楼里出乎意料地探出一束灯光来。

那一抹薄薄的昏黄，使她的心突然就变暖了，暖了的心，瞬间也变得勇敢了。于是她边上楼边想，明天上班后，领了薪水，就放弃那工作吧。它令她如此累，虽然放弃它后暂时必须得面临一段艰难的日子，但是至少回家是温暖的，就像今天这样。

她以为那灯光是楼道里新装的灯，会在每个夜晚亮起来，远远地就能让回来的人都看到。

待她走近了，才知道那灯光原来是从一楼开着的门里透出来的，一楼住户的儿子坐在门前。

她走过去，跟他说了几句话，再踏上楼梯回自己的屋时，刚刚还暖着的心就凉了。她很悲观地想，这世上卑微的人寻找快乐的方式同样卑微。

比如她在这陌生的小城市里，因为专业冷门不好找工作，只好又累又怨地把现有的这份鸡肋似的工作当宝，一直不敢放弃，今天加班回家时，竟以一抹灯光为勇气想要放弃它。

又比如房东的盲小孩，刚才她从他面前走过，对他说，跟她去楼上等妈妈吧，他却说他要读书。但那是一本盲文书，要靠手指一个字一个字地去摸索，许久才可以读出来那个字是什么。他看似坚强又勇敢，可是在他对每个字姗姗来迟的理解里他能有多少快乐?

她靠在门后，因为忧郁地感觉到生活的艰难，她竟然哭了起来。仿佛自从来到这个城市后，所有的艰难都要在这场哭泣里难过个够。也不知过了多久，她感觉皮肤紧绷，才想起要去洗脸。两只暖瓶里的水全部倒进水盆里，一大盆水上有厚厚的徐徐上升的水蒸气，不想伤心低落还被烫，又不想再倒入一杯凉水，于是伸出右手的食指，轻轻触及水面，想试一试水温。

然后竟然就有了小小的意外感！她惊喜地把整张忧伤的脸都扑进那盆水里，水温正好，它在她红肿的眼里，缩紧的心里，将温暖变成感动。她觉得自己错了，原来感觉也是有层次有质感的，而她常常以为正常的眼之所及、心之所悟，全都不如一根亲历的手指上的感觉来得正确和惊喜。

第二天她没有辞职。即使她所学专业与财会相差十万八千里，但是只要勤奋又心怀希望，这份小单位里的财会工作她足够胜任。而且她是那么相信她的手，每每在做账时，总会习惯地伸出食指，一个数字一个数字地认真核对，在单位的办公桌前，在银行的柜台前也是如此，手指移动，心中跟读。

在做那份工作的年月里，她再也没有像以前那样频频出错，每天都头疼。即使后来她离开那份工作，但是她依然相信她的手，以至于如今在闲暇时看一本小说，她都喜欢偶尔伸出食指，逐行指读，有些像初学读书的小学童，以及那个从那年起开始刻画进她脑海中的玲珑盲少年……

于是，她一直都明白，当生活逼得她对一切都没有信心，庞大的负面情绪罩得她无法破茧而出时，那么她至少还可以相信她的手，它小小的亲历会让她觉得沉淀心情触碰希望其实很简单。

只要用一颗努力的心去伸出手，哪怕只是一根食指，温暖就会有，强大和骄傲也一定会有。

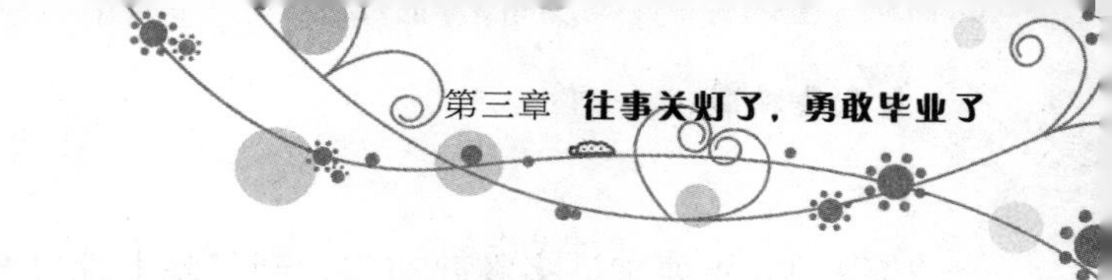

男人们永远不知道，女人是怎样来打发时间的。如果告诉他们，女人在一针一线里，也能找到让她们成熟和坚强起来的道理，不知道他们会不会相信。

小女人的有线剧

如果手上只有遥控器，是会让一个夜晚比肥皂剧更加无味和孤单的，尤其是对于并不怎么喜欢看电视的人来说。

晚上，她和母亲通电话，母亲告诉她说她最近在重看《人鱼小姐》。她很惊讶，这部剧很早就听朋友说过，央视一套的午后剧场曾三集连播，朋友说每每看完都很崩溃，三集三个小时，还插播着广告，可就算是一个下午都在守候，却只有一个情节是在向前走，其他都在原地重复打转，而且据说它有一百六十多集。

她不知母亲是如何有信心看它第二遍的。第二天她悄悄问父亲，父亲说不知道母亲是喜欢看电视剧，还是喜欢做针线活，不是让他帮她穿针，就是让他帮她绕毛线。

她听了，感到很温暖，也很酸楚，为父母之间的幸福陪伴，为他总不能和她在一起，为她的孤单。

不想看书不想看电脑，她找不到更好的事来打发等睡意来临的那段漫长想念。

于是她决定学母亲，也备了各号缝衣针，各色缝衣钱，还找楼下缝纫

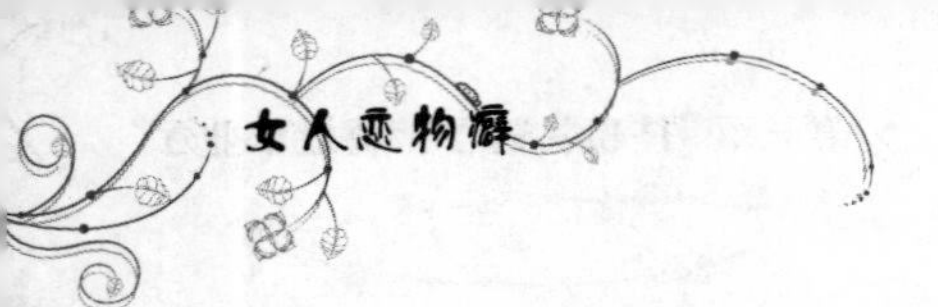

店里的大姐要来许多零碎布头。到了晚上她打开电视，裹暖自己坐在地板上，缝啊看啊，看啊缝啊，今天缝一只荷包，明天缝一个茶杯垫。

渐渐地，她发现，那些先前只被她用来打破屋里的安静的电视剧，竟一集一集让她期待起来，一个夜晚过去，又一个夜晚来临时，要看它们的心思都会在心里涌动闪烁。

剧情在发展，线团上的线也被合适的那根针引到布片上，尽管自然又随意，却总有些针脚正好落在碎花布上的某朵花心里，就像剧中的有些情节会让她记得和感动一样。于是，她越来越觉得穿针引线真是好，它可以让电视剧变得好看起来，更重要的是还可以让她在目光流窜于针线和屏幕之间时有了仓促得一个接着一个的喜悦。

电视剧播完了，而她的每件小作品，都可以与故事有关联，比如看《达子的春天》时她一共缝了五个收口小袋，比如芭比娃娃的那条八片七彩裙的每个针眼都在《放羊的星星》里，还有，三十二集的《奋斗》中，她为他的婚礼完成了一个大大的红色“喜”字的十字绣。

穿针引线时，窗口吹来的风是南来的风，头顶上的灯光一直暖到最好，灯下的她像个一心二用的小孩，认真而喜悦地去兼顾布片上那一个个柔软的幻变和剧中终于有了种种感动的片段，这些都让她匆忙到顾不上想起孤单。

还有，在这些有线剧里，她把她对他的想念也变得有限了，有限到在给他的那个绣品缝最后一针时结束了。

有的美丽，是不需要多费周折的，只要懂得，再简单的它，也可以帮你成就最好看的发型。当他一手握着发圈，一手握着她的长发，细致地帮她绑一个马尾辫时，时光便温暖了。

它们长在情怀里

周末的早晨，她醒了又睡，睡了又醒，就是赖在床上不肯起来，怕起来一开门，就要和他面对无言的局面。

他们吵架了，这次比以往每次都厉害，分房而居，各自挂着各自的自尊，谁也不肯答理谁地僵持着。

她知道他在书房，一定是趁着周末，加上和她闹翻了，所以就无所顾忌地大睡着。哪像她？逞能的话一旦说出口，为它们的难受也就难于抚平。

她看着天花板，眼神空荡荡地游走摇曳，实在是做不了什么好梦了，也睡不下去了，就翻了个身，趴在床上，仔细地找掉在枕头上的头发。

长的是她的，短的是他的。

找完后，她竟然莫名其妙地哭了。他连头发也是这么扎手的硬，难怪他那心肠柔软不了。而她，平常忙工作、忙生活、忙感情，从没注意每周都换洗的床单枕套上，会掉有那么多头发。白色床单作底，她看到她的落发上面是黑黑的，下面是黄黄的，像喜忧参半的思绪。

看来，她是得去做头发了。这样想时，心里的响应却淡淡的，仿佛改变发型的方式，在今天这样的情绪里，简单到自己握把剪刀，把头发

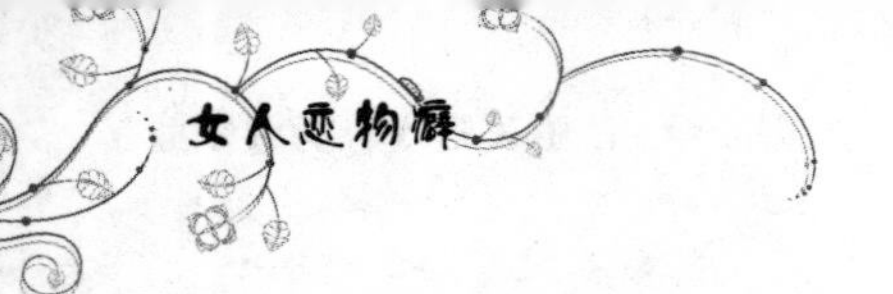

随意剪短了也是可以的，也是没什么不能容忍的，心情不好的人，哪来心情去美?

但是想到发型，往事还是不由自主地在心里铺开。结婚前她一直都留短发，清爽、精神、好打理。婚后，是想为他温柔，她才蓄起长发。

她记得有一年，大街上特别流行把头发做成像绸缎一样的直发。她很努力地把一头短发养到齐肩后问发型师朋友可以去烫了吗，朋友说，可以了，而且做这种头发后，还会显得长一些。于是那天她高兴地丢下电话，想马上去朋友的形象设计室。

但是那天天气不好，而且天也黑了，她站在窗边朝楼下看了看，想打消念头不去了。但是没想到他却说："我陪你去吧。"

那晚八点到凌晨两点，他们一直坐在朋友的设计室里。那份等待，细碎的是温暖，漫长的也是温暖。当发型师终于放下夹板，他也放下报纸，看着她的头发，傻傻地笑，在他的笑里，她也觉得自己因为头发变得更温柔了。

后来，大街上又开始流行卷发，仿佛万种妩媚都要拜托给曲折再曲折的头发去表现。于是，她又去朋友那里，同上次一样，他也陪着，在几个小时里，把报纸翻了又翻。

回忆着，回忆着，她的心越来越柔软。原来她一次次打理头发的心思，并不是为追逐潮流和实现美丽，而是她喜欢他坐在一边静静等着自己的那几个小时的时光。

她喜欢他陪着自己。所以，她才一次次计较他回来晚了，计较他在陪自己看电影时睡着了，只是，他怎么就不懂呢?

她把他们的头发包起来，像豁然开阔的心包容住这些天来的任性一样。然后像每个周六上午一样，拆下床单要让洗衣机洗去。

经过书房门口时，里边静静的，可能他还在睡觉吧，于是她丢掉拖鞋，赤脚轻轻地走过去。

可当她走到洗衣机那里时，他却和她捉迷藏似的出来了，从她身后抓去她怀里抱着的床单。原来他在书房一直竖着耳朵呢。他终于笑着开口了，说今天要心疼洗衣机，要和她一起用手洗床单。

四只手忙活着，越来越多的泡沫让过去那些美丽也一个个地铺陈开来。他说最近公司里的事又多又复杂，他心里太乱，没有顾及她的感受。

说话间，正是七月的天气，她的头发搭在后背，热得要不时地用沾满泡沫的手把头发向脑后捋。

他起身洗了手，找了个发圈，用木梳把她的头发扎成马尾，末了在她的耳朵里扔进一句话："头发以后就这样，好不好？"

她的眼泪下来了。坚持这些天，哪时哪刻不是在痛苦？原本以为它们积压得要使爱情崩溃了，自己就在等决堤流失的那一刻。可是没想到因为他一个小小的举动，她就可以将这些认为是自己的小孩子气。是的，她不愿把它说成积怨或是别的什么，她只想说，这几天的不理不睬，她只是在赌气，仅此而已。

她现在才知道，前年和去年在自己做头发时的那些等待，他只是要让她高兴。他其实还是喜欢和她刚认识时她扎着马尾的样子。

从此，她喜欢买发圈，各种各样的，不改变地天天简单地梳成一个马尾。

她发现，每次下楼，他都要在她后面走。为的是可以把她脑后的马尾辫轻轻地那么拨一下，然后一个人欣赏她整束头发的飞扬，温柔地看着它们笑。原来，头发的样子长在情怀里，爱情的样子也是长在情怀里，还有相爱的他们也是。

每次他拨她的头发，她都不转头，也不说什么，她静静地明白着，自己的头发就能带给他眷恋，何况她这一生呢。

第四章

时光挑行李，深情多少许

引 言

张晓风说，青春是一件太美好的东西，美好到无论你选择什么方式度过，都是浪费。那么，我们就好好地浪费我们的青春吧。

如果哭，就一定痛哭，哭到山河动摇都未曾不可。

如果笑，就一定大笑，笑到云朵掉下来都不过分。

如果寻找，就全世界地去找，不管要找的在哪里，不管能不能找到，寻找的踪迹一定要满世界都有。

如果等待，就笑看日落地等，直至海枯石烂，直至地老天荒，直至等待的那一种姿势，成为雕像，成为化石。

当所有的如果都实现了，就会知道，所谓的好好浪费，就是，只要爱，请一定去深爱。

这不是为了要让人记得，也不是为了去记得什么，而是在青春的这一段美好时光里，我们的行李，就是一腔深情。

深情究竟深几许？情重究竟有多沉？

这没有关系，时光它从来不会说，它替我们挑担不起。

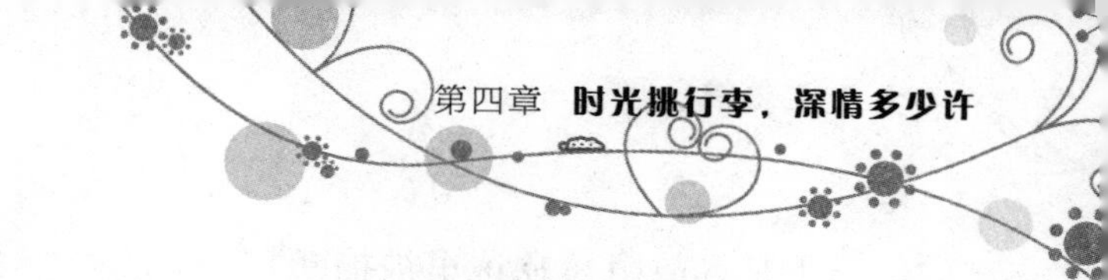

它是真的短，再长它也不过一百厘米，每个人将手臂打开伸长，两手之间的长度，都会大于它。但是它再短，也都可以为太多的东西去确定一个准确的长度，家具、布匹、房间长宽等等，它甚至还可以去丈量男人的一颗心。

米尺的度量

她不小了，都奔三了。这一年内，经亲朋好友介绍，她先后与近十个男人见过面。

初印象还行，又再约过她的，她会礼貌地邀请别人去家里坐坐。作为主人，加上她本身也是个极其真挚的人，她通常会客气地先陪着他们在客厅喝喝茶，然后会将客人领去看她的另一间房。她就只有两间房，这间房很大，于是便把卧室书房二合一。

来过这个房间的他们，无一例外都会把脚步停在书柜前，因为她的书实在是太多了，整整一面墙都是书架，书架上都是满满的。

只是，凡是来过这间房的人，到最后却都会仓皇而去，无一例外。

她的书柜里，是些不太难懂的书，可他们翻过后三句五句主题便游离。因为她虽不太漂亮，但她同他们说话时是坐在床上的。他们也许有过犹豫，但最后都以同样的心思靠近。

就在他们越来越靠近她时，她会从枕下掏出一样东西，举着它，微笑着问他们：“你知道它是用来做什么的吗？”

于是，故事总在这里被掐断。

她手里的木米尺，让他们统统地脸色速变，这份发白的惊慌立刻就泄露了他们的不良心机。在男女单处的卧室里，他们心虚地以为那柄淡黄的木米尺是她要用来防身的。如果不想侵犯，何来想要提防？说到底，还是他们内心太丑陋。

但是，这是件奇怪的事啊。一次又一次传出有关她的谣言，说她怪异，有神经病，这样的人肯定嫁不出去的。

她轻轻一笑，不以为然，她自己的事她自己最清楚，别人怎么议论都影响不到她的。她虽然受过伤，但神经还正常，至于她最后嫁不嫁得掉，她相信这世上总会有一个懂她的人。

不久，她生病了，发高烧，还胃痛，躺在床上起不了床。她先打电话请了病假，然后再打电话给社区，让他们帮忙找个能上门看病的医生。

没等多久，有个医生来了，三十多岁，同许多医生一样，干净平淡的模样，不热情，但也不是冷冰冰的。

他给她挂上点滴，告诉她说要滴两瓶，两个多小时，第一瓶药打起来会有些痛，她可以睡会儿，他会守着。说完这些该说的，他踱到书柜前，拿过书靠着柜子看了起来。

那背影安静又淡泊，她笑了一下，闭上眼睛，很安心地睡着了。一小时后他叫醒她，说第二瓶药有人会过敏，他要随时知道她的反应，她不能再睡。说完他随意地坐在她的床沿，开始和她聊他前一小时翻看过的书，她惊喜，一一细细解释他提出的不懂，认真地听他谈对某位作者的与她不同的感觉。

曾经她领那些人来看她的书房，就是想他们当中有人能和她谈这个啊，谈得不够深刻也没关系，她自己从来没觉得她看过那些书就是彻底地了解了书中的思想，她只是想有人能和自己谈一谈它们而已，不懂就一起不懂也都是可以的。

第三天打完针后，他给她留下他的手机号，说如果仍然有不适，随时可以找到他。说完他似乎还是不放心，又给她掖了掖被子才离去。

三天的点点滴滴，到此刻全是惬意温情。病好后第二天，她打电话给他，不是请他来看病，而是请他来听木米尺的故事——

那是她的初恋，她曾以为与那个人会到永远。但是有一次她出差，临时行程缩短，回来后，她看到一张凌乱的床，上面有女人的内衣，还有疯狂皱褶的床单。她围着床拉啊扯啊，强迫自己去改变一切，想着这上面的一切不好只要她把床单扯平就都不在了。可是任凭她拉扯到几乎要把床单扯破，那上面还是有很多皱褶，最后，她哭着拿来母亲用过的一柄木米尺，在床单上按住用力往一个方向抚，床单终于快要平整了，可她停下了。

因为在她一边哭一边像个疯子一样做这些事情时，他一直站在旁边，如同陌生人一样看着她，没有解释，没有心疼，没有忏悔。

她忽然明白，有些伤害的痕迹一旦入了眼，伤过心，就再难于是零，床单上每个细小的皱痕都是他对爱情的背叛，她抹不去的。

因此她放弃八年的爱情，却把那柄米尺看得很重要。

讲完她轻松了，笑一笑，从枕下拿出那柄米尺给医生看，说："别人都说我拿着它，像个有病的，甚至还有人说我有暴力倾向，这真是好笑，你说呢？"

医生笑了，接过木尺，温暖的目光先注视木尺，再注视她，最后说了一句话。这句话，让她因为终被懂得而泪如雨下。

他说，可能一万个女子丈量感情的方法就有一万种，她的故事让他知道，她来丈量感情就用它，可能不会是简单的一米、木质或是笔直，但一定是通过它的她的方法。

是的，那柄木米尺，在她手里，先前是救情稻草，现在是度量一个男人心灵的平整以及对她的理解的。

没有一个人会喜欢锁而不喜欢钥匙。他们说，女人的心，是有锁的，她们用它牢牢地封存着心，不轻易让人靠近，所以一心想看到那颗心的人，总是等了又等。他们说对了一半，女人的心的确是有锁的，但是她们那把最秘密的钥匙，不是等待，不是爱了就不要等待谁先说，不是可不可以说，而是只要爱了，就应该表白。因为只有说了，才会发现再牢的心锁也从此被打开，而如果不说，那锁就会一直锁着心、一直被伤害。

密 钥

她喜欢买各种各样漂亮的锁，很小很小的那种，用来锁日记本、小抽屉等等，虽然明明知道这些东西不锁也不会丢，但她还是喜欢买，仿佛小挂锁是日记本抽屉们的饰物，同她耳朵上的小耳环一样。

他是这个城市信誉最好的开锁公司的，他那里兼营各种各样的锁。

一次次地找锁，她与他相熟了。她很开心在他那里可以找到那么多别处难寻的漂亮小挂锁。

他也很开心，因为她是太不一样的顾客。一直以来，来他这里的只有两种人：一种是来买锁的，只求牢不牢固，从不管好看不好看；另一种是来找锁的麻烦的，比如家里的门打不开了，来请他去开锁。时间长了，他就知道，这两种人都是带着一颗防备的心的。

他喜欢她看锁时眼里的光芒，坦诚又清澈，似曾相识，照至心上。他看着看着就也觉得，只有内心不设心计不置防锁的人，才会有这样的快乐。

但是时间久了，他觉得她买锁也是要锁、要防备的，在他那里，她先后一共买回十把小锁，每一把，她都大方地告诉他是要锁什么，这把锁门，那把锁抽屉等等，原来她连鞋柜都是要准备一把锁的。

这让他有些沮丧。直到有一次，她请他去她的住处帮她修水管，他才知道，那一把把的锁其实也就那么挂着，看样子根本就没有锁上过。他问她是钥匙丢了吗，如果她需要他可以帮她把它们都配上。她说没有丢。他又问她，买锁又不锁，为什么？她笑而不答。

于是，她又回到他最初对她的想象里，原来她真是他一直感觉的那般好，只是有一点，他开始觉得她神秘起来。

不久后，她出了趟远门，去了许多地方，却只买回一把小锁。

那把海螺造型的锁，很小很精致，她把它挂在她背包的拉链扣里，这一次竟然认认真真地锁好。那天她背着它来找他，看店的店员说他去对面帮人家干活儿了，边说边指给她看："喏，就是那边。"

是对面街上的奶茶店，她之前和他去过几次，是一个清秀的女孩子开的，她的腿有点小残疾，但是不影响她店里的奶茶飘香，以及她的美丽。

她跑去，女孩先看到的她，递给她刚调好的一杯奶茶，笑着对她说："你的包为什么也锁着呢？是不是里面锁着什么秘密啊？"

他这时也回头，看到她，笑了。她也看着他笑。但是他却接过女孩的话说："真笨，那肯定是有秘密的啊！"

她的心忽然一沉，就像挂了锁而没有锁的包一样，虽然很美丽，但是总会让人觉得那锁是真正的封锁。女孩不懂她，但她不明白他为何也不懂。这一次她锁着包，是因为包里装着她给他带的礼物。海螺锁有两把指甲长的银色小钥匙，一把她穿进了项链里，一把她握在手心里，她想给他让他自己打开的。

礼物她没有给他。他的不懂，让她想忘了他。可是越是不去见他，她就越是渴望知道他到底是不是同自己一样，眼睛里的清澈，恰恰是心里的锁，锁住故事，锁住心事。因为在一份不太勇敢的感情里，有锁最安全，

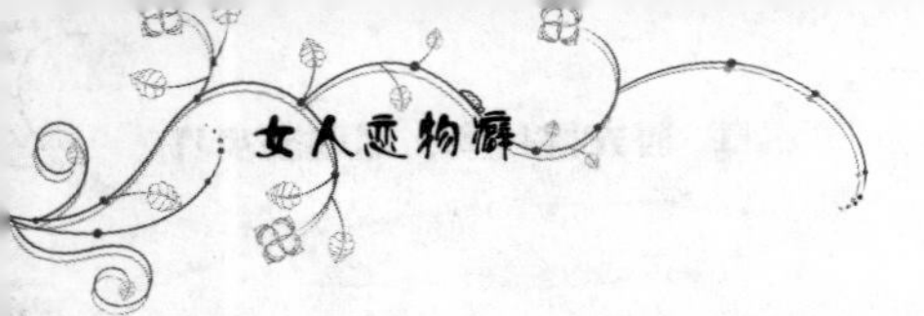

不会被误会，不会被认为受伤了。

她很努力地不让自己想念，她做到了，却又有了孤单。她开始知道，想念不想念，不是眼睛在作怪，而是心。

因为心里装着他，于是除了他，全世界都陌生，找不到他，全世界她最孤独。

她又出远门了，到处走，把自己的孤单锁在路上，一点一点地，等到回来时，就都丢光了。

在终于决定要回去的时候，她也决定要对他说说自己了。这一路上，她想明白了许多，想透彻了许多，他们中间总得有一个人先开口吧。

可是等她回来时，才知道自己为寻找这份勇气，在路上花了半年的时间。

他已经结婚了，跟对面那个卖奶茶的女孩。

有人告诉她说，因为那个女孩不嫌弃他。这时她才知道，经营开锁公司是要在公安局备案的，而他几年前有过前科，他经营开锁公司，是想用一种很安全的方式去承诺他现在的好，去锁住他从前的不好。

或许，正是因为她让他觉得她是神秘的、她对他是有一些封锁的，他才没了勇气，只敢把自己也牢牢地锁上。他不知道，她喜欢的，从来都是钥匙，而不是没有钥匙的锁。

原来，爱情里那把最秘密的钥匙，不是等待，不是爱了就不要等待谁先说，不是可不可以说，而是只要爱了，就应该表白。因为只有说了，才会发现再牢的心锁也从此被打开，而如果不说，那锁就会一直锁着心、一直被伤害。

或许，这世间的每样东西，都会暗暗地完成自己的绝唱，并且以此生生不息。就像随波逐流，是岸边芦苇的绝唱，而盲吟低调，则是爱情的绝唱。只是绝境再绝，都不影响来世那一场暗恋的汹涌澎湃，那或者也是一种辉煌。

绝 唱

她爱他，姿态一直是放低的，如同江边那一坡芦苇中最迷恋江河的那一棵。

那一棵芦苇，崇拜大江，向往远方，它为了能够亲临江水的气息，那么不惜地放弃挺拔，那么固执地拒绝往天空里长，它始终都是弯着腰，朝着江面探着它的身体。

她也是这样的啊，为了能够多爱他，从来不照顾自己的言笑，他高兴，她跟着高兴，他沉默，她也是一句话都不敢说，在这样的一份崇拜里，她的眼里只有他的心情，完全没有自己。

芦苇由荣到枯，花开成絮，絮落水中，每一程都是守候，每一程都在询问江水是不是愿意带自己走的那一掬绿水。

她数年如一日，在青春里爱他，在青春里让心长出皱纹，然后又在青春里老去。有人说，三万次的皱眉就会换得一道皱纹，而她，在心的每道皱纹的三万次的触动中都想问问他，他，是不是也有一点点像她这样的来爱她？

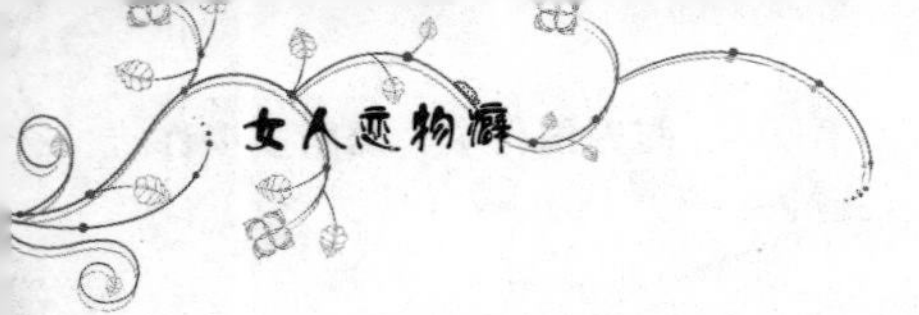

芦苇没有答案。

江水由西向东，或缓行或急流，阳光明媚灿烂时，它就披着波光，无风无尘好天气，它就清澈叮叮咚咚响。每一道光芒和每一声声响，都不是因为那一棵芦苇在为它守候。

她也没有答案。

他自在又随意，或悠闲或忙碌，心血来潮时，他把每一天的每一分钟都赋予情调，仿佛连走路都是音符；想安静时，他把每一道忧郁的眼神都投进杯里，深刻得像带香味的咖啡。但每一个音符和每一抹色泽，都不是因为她在他眼里。

芦苇和江水，就只是候者和过客的关系，一个在岸上见春秋，一个在水里看春秋。

她和他，也就只是候者和过客的关系，从喜欢上他到现在，整整十年，毫无心的交集。或许她等待一生，他也未必看她一眼。

可她，却还是傻傻地误会，就像芦苇一样，误认为波光是江水前世记得今生的笑，清澈是江水今生相约去来世的相知，如同醉酒般地迷离，笨到最后也根本不知道，它其实不管流经到哪里，只要阳光在上方，它都会有波光。笨到根本就不懂得，即使无风无尘，它也总是叮咚，清澈一点，不过刚好是它内心不想汹涌而已。

她还笨到，都不晓得她自己有多莽撞，就像堤垮了，芦苇便连根都随江水流去一样，把对自己的坚持崩溃至既隐忍又完全没了自己。从此，她可以同他随波逐流，他到哪里，她到哪里，他有波光，她在波光里，他有清澈，她便也在清澈里。

为了他，她一个城市一个城市地奔波，他在的每一个地方，都曾经是她的终点站和起点站。

本是如苇秆纤纤姿态的她，就这样，总敢怀有一颗澎湃豪放的心，就算那颗心实际上也就同苇絮一般轻微不入尘，她却也敢跑出自己的风起云涌，飞沙走石。

一次又一次，她风尘仆仆地由他的上一个终点站赶来，在他的新的起点站里，卑微地对他所在的整座城市笑，笑着寻找他的脸他的笑。然后一次又一次，他近在眼前，却又远在天边，他明明是在这个城市里的啊，她却怎么也找不到。

不知道是第多少次的追随中，她病了，在他也在的城市，整整一个月都躺在医院里。病痛的折磨很苦，可是当她听说他就在离自己不远的一家公司时，她竟然欣慰无比，如同被打了强心针一样地觉得自己数年的相守相随都没有白费，她终于可以如愿以偿地去见他了。

但是，命运最喜欢拿虔诚者开玩笑，当她终于痊愈去找他时，他已经又启程去了别的地方。可是，当她想像曾经一样再去追随他时，她惊讶地发现自己有勇气却没有了健康的身体。

深夜的火车站，她在那里哭了。

原来，没有生命是不向往春天的。当春天到来时，芦苇才知道自己再也无法着陆生根了，再也无法花开成絮了，它的向往，开始从水里到了岸堤，但却总是被水缚行，再也无法触及岸上的一点点尘土。

原来，没有爱情是不向往相知相惜的。当所有的细节都是一个人的，当所有的经历都是独角戏，当所有的年华都是有他参与才被自己认作是芳华时，那么她就已经把自己丢在了最初的地方。

随波逐流，是芦苇的绝唱。而盲吟低诵，则是爱情的绝唱。

玻璃杯会让所有的水都不说谎，如同明矾沉淀杂质奉献清澈，如同真情不计岁月永远如初，还如同美好女子的心，晶莹剔透，从不打折。

不打折是一种成色

每年生日，他都会问她想要什么。这份不懂，让她不满，却又还是满怀希望地让他猜，朝朝暮暮、耳鬓厮磨的光景里，总以为他一步一步就能来到她心里的，会知晓她最想要的每一样东西。

可是，他的答案一年比一年离谱，常常是她想东，他想西，她想简单的，他想的却复杂无比。这样子，让她总觉得他这个人，在身边这么久，却根本就猜不出她喜欢什么，她不明白他是从来都没用过心，还是用心太甚。

然而她虽然失望，却依然没有恼，她也不吵。

今年她就三十岁了，她早早地就告诉他说："生日时，我很想很想要一个喝水的杯子。"

他没想到这么简单的礼物也是她的盼望，他开心地记住了，说一定会给她买一个她喜欢的。

生日那天，他下班回来，手里果然是握着这样一份礼物的。递给她时他还一脸灿烂，乐呵呵地说下班后在公司附近的那家大超市，他足足挑了半个钟头，最后就觉得它的模样最符合她的气质，她肯定会喜欢的。

听了他的话，她在脑海里迅速去猜测、去勾画他手里纸盒中那个水杯的模样，会不会刚好就是那个蓝色的小方杯？晶莹剔透得就像蓝色冰块雕琢出来的。如果不是它，那会是那款淡淡绿色的带杯碟的吧，那个也挺好……

原来他们上班的地方离得挺近，而她每天下班都比他早，为了跟他一起回家，她每回都会进入那家超市边看边等。其实她什么都没有买过，就像个爱在礼物区驻足的小孩子，她每天都会在玻璃区徘徊，那里每一天都有她放下的时光，还有她越看越喜欢的那几个玻璃杯。

女人的心总是细腻的，当惊喜犹开未开时，是如花朵般诱人的吧，他关于礼物的话，让她很是期待。她竟然笑着捂住他拆礼物的手，高兴地说："你去厨房拆，然后用它给我装一杯水来，好不好？"

她站在阳台边，心里落满花朵地等着那样一个玻璃杯来到她的眼前。

但是当他的脚步缓缓过来，当他把一个温热的水杯放到她手里时，她却哭了。

他慌忙地问："烫？"

她不语。

他又问："不喜欢？"

她也不语。

他又说："太喜欢？"

她终于忍不住，忍不住，声音低低地说："我想要的水杯，不是这样的。"

他愣在那里，一脸的无措。其实，他手里捧着的那只骨瓷杯挺好看，白底紫花，白得无邪，紫得明亮，很是符合一个清淡女子身边之物的色调，但是，她只爱玻璃杯。

他的拇指在杯身上摩擦着，无奈地说："那我再去买一个，保证你喜欢。"

她说不好，买回来了喜欢的，不喜欢的也还在，该把它怎么办？

他说扔了它，只当不喜欢的从没有出现过。

她说那样更不好，平白无故的毁灭，即使是不期待的美好，也算是罪过。

最后他看着她，揽过她的肩，眼底生潮，说："走，我们去换。"

来到超市，他直接去总台找值班经理。一般来说，超市里售出的商品，只要不存在质量问题，都是不允许退换的。不知他用了什么方法，也不知他怎样跟值班经理请求的，十分钟后，经理给他开了证明，说可以换，多退少补。

此时，那只蓝色小方杯就在她的手边，每天几杯淡淡的白开水，从暖到凉，却常常让她百分百地品出其中只属于她的幸福和清甜。

有关水杯的得来，她从不认为是自己矫情，也不觉得是在折腾。如果非要说个理由，她只是觉得，她不再年轻，不再是凡事都可任性、别人不计较自己也不计较的年纪。但是老去的她，却又是多么怀念她的青春里，在他面前有过的那些任性，多么怀念过去那穿行在任性中的那些有关宠爱的美好。

恰恰，一个玻璃杯，就可以给她这种很质感的晶莹，停留在玻璃杯里的倔强时光，让她看到他对自己对爱情对婚姻的那份真心真意的小宠爱，这份小宠爱，挤进琐碎的生活中本来就显得很小，所以，不能打折扣。

而他，虽然木讷，虽然越老越不懂得她那些任性的小想法，但是他却一次也没有冷对它们，没有让她心里那些有关怀念、有关倔强、有关幸福的感觉在成熟的婚姻里不知不觉地就打了折扣。

光阴逝去，人变老，宠爱一直不打折，就是婚姻最好的成色。

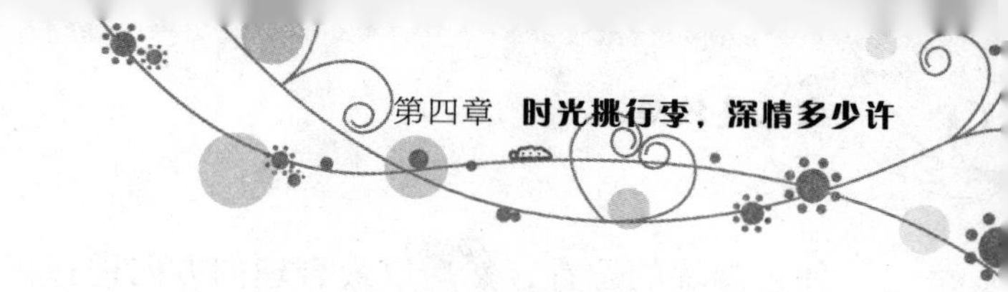

那天，我想到一个歪理，却也有趣：人在年轻时，都喜欢铂金，其实是“薄”，薄在年轮，薄在见识，薄在不懂生活中的重；人在年老时，都喜欢黄金，其实是“重”，重在年华，重在懂得了人生的许多，重在知道如何持重。

爱情的黄金

她是在船上认识的他。

大学毕业刚刚工作的那一年，公司里组织活动游三峡，要坐船。听到这个消息时，她兴奋得要命。她从没有坐过船，她想，要是能够在船上认识一个投缘的人，该是多么好，光想想她都觉得这个故事很旧上海，很张爱玲了。

也许正是因为心存这份向往，从上船起，她就不拒绝任何乘客与她的交流，有老人让她帮忙提东西的，有小孩子让她讲故事的，她都一一应允，快乐得仿佛是电影中登上泰坦尼克号的那些幸福的人们。

就这样，她也认识了他。

他一直在听歌，有时在甲板上，有时靠着窗。她与他说的第一句话，是他取下耳机，从一个小孩子手里接过那个魔方后。她的眼睛几乎都来不及看清楚，那个小孩子怎么旋转都转不到位的魔方就那样被他扭转成神奇的六面。

她说：“嗨，能教我吗？”他点头，一步一步地给她讲，教她怎么记

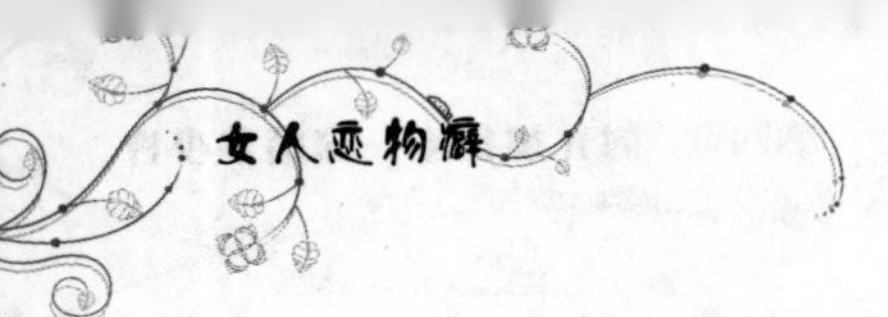

住色彩块的位置，然后以最合理的方向进行扭转。可是他再怎么教，她也学不会，她真是笨极了。但是，也正是因为笨，在这段行程里，这只魔方给她带来了无限的乐趣。

船到达时，他们已经很熟了，原来他也在上海工作，这次坐船，也是第一次。她一笑，报给他自己的电话。

再回到上海时，他们便有了联系，然后两人就越来越熟悉，越来越相知，直到总是想念，需要天天见面才好。

他是一家酒店的保安，她公司里的同事知道她在跟一个小保安恋爱后，都说她傻了，以她的条件，找男朋友怎么也不可能找一个这样的。

她听了就笑了，说："那是因为你们不知道他是世上最特别的小保安呀！他会变魔术，还会唱许多歌。"当时她心里还想说，他跟她一样，第一次乘船时，见到了幸福。是的，他和她都把那次偶遇叫做幸福，因为每个小时他们都是那么快乐。

与他最好玩的一件事是，有时候她去他在的那个酒店见客户，走进大厅，看到站在门口的他时，她会含着笑，经过他面前时偷偷地递了一个被她扭乱的魔方给他。而他，为了不影响工作，会背着手，偷偷地在身后盲弄。

每次，当她再走出来时，他总是会交给她一个完整的魔方。那种完整的多面的幸福感，像阳光一样充满她整个心间，让她觉得他是最好的，即使没有财富、没有地位，也是最好的。他分明就是个魔术师呀！

他们认识第二年的那年春节，她回家说要和他领结婚证。母亲给她一只老式的黄金戒指，说是祖传好几代的，上面积累了很多福呢，可一定要戴。

那个春节他没放假，她带着它回到了上海，跑到酒店，等他下班，然后带着它和他一起去敲一个饰品加工店的门，让老师傅把它熔化，最后做成一对情侣戒，一人一枚。

公司里那些上海女孩每次看到她站在窗边举着手上的那只黄金戒指对着太阳瞧时，都笑她老土，这年月，除了退休后的老太太，谁还戴黄金啊。

她依然是笑眯眯的，说："我戴呀，他也戴呀。"

他们结婚了，在她小小的房子里。婚后，他不再去酒店上班了，和一个朋友去一家保洁公司做“蜘蛛人”，薪水还不错。

这世上总是不缺那种爱替别人担忧的人，又有人替她惋惜，说她老公干这个职业，多委屈她啊。她可不这样想，她乐于在任何场合提起他的职业，乐于在下班的路上，经过某幢大楼看到上面有“蜘蛛人”在擦拭玻璃时，仰着头张望，像看她的太阳一样。

又一年后，因为一个特别的商机，他和朋友牢牢抓住了，他一下子就发达了。没多久，他竟然接下了原来的那家保洁公司，而且他还非常有经营之道，两年后，公司合并了另外的两家小保洁公司，他不再做“蜘蛛人”了，他成了许许多多“蜘蛛人”的老板。

他们的幸福，好像真的是那只相传好几代的黄金戒指散发给他们的。

但是，又经历了春秋后，再到阳光灿烂的时候，她经过有“蜘蛛人”在工作的大楼，仰起头时，却看不到太阳。她失落又隐痛，她知道原因，结婚五年了，她没有怀过一次孩子，从前他说他不计较，但是现在的他很计较。

直到有一天，她发现他在外面有了别的女人。他很坦白，也很慷慨，说要把银行存款都给她，还说，要给她买一个钻戒，那是他欠她的。

她说她什么都不要，她只让他陪她再去一次那条老街里的那个黄金饰品加工老店。

到了那里后，她让他取下他手上的那枚黄金戒指，让那位越活越精神的老师傅把它和她的那一枚，放在一起熔化了，做成一枚。

完工后，她将变沉的黄金戒指套进自己的中指，没对他再说一个字，转身先走了。

爱情和黄金一样，都是无比持重的东西，但凡抱着浅尝轻取的态度去拥有的话，总是打扰，总是不礼貌，总是不配被说再见。

有形的行李背在肩上，无形的行李背在心上。时光是个神奇的东西，它在我们肩上，然后变成回忆歇在我们心上。每个女人，出发前都喜欢收拾行李，点点滴滴，每个女人，旅行回来时更喜欢收拾回忆，丝丝缕缕。

时光行李

如果有一天，感觉到心满了，或是心空了，就去旅行吧。要走远一些，为把心里的满丢在远方，或为把心里的空去远方填满。

然而，一颗心真的可以如此轻易地就装满装足或清空清宽吗？它会跟硬盘一样，储存满后不想要了，就格式化，格式化后又想要了，就再装回去吗？

不行的。无力映心的东西，纵然繁花似锦都是进来无路的，而真正入心的，一点一滴也都是不会被模糊销匿的。

我没有过多少旅行的经历，把旅行变得这么有期待，又总是没有走出去，是因为第一次旅行带给我的失望吧。

那是八年前，北上。

在火车上的十九个小时里，我的腿肿得很厉害，怎么躺也睡不好，吃什么都不香，但是，再不适我也还是很开心很开心地望着窗外，我是真的想把沿途的所有都装进心里，有树看树，有桥看桥，到了夜晚，什么也没有，就找灯光看。

可是没有想到，就在我怀着那么饱满的一颗心到达目的地时，在走出火车站的那一刻我失望了。

我是把心腾空了远道而来的旅行者啊！在我的想象里，至少这里的阳光会来拥抱我吧。

但是只有雨，满世界里，只有纷纷的雨。

即使它下得小心又小心，带来的空气湿润又清凉，我还是讨厌它。就是这样的心情作怪，让我后来竟然晕在这个城市了，是真正的晕，每当走出宾馆，来到喧嚣里，就会感觉天地在旋转。那种眩晕感，让我接下来的一个礼拜甚是不痛快，让那趟旅行几乎成了噩梦，以至于这么多年后，每每想要远走，又总是在即将出行时被拦下。因为旅行，根本就不能忘记什么，反而还容易记住更多。

但是当几天前，我在灯下翻出八年前放在抽屉里都不愿意放进影集里的那叠照片时，竟然出乎意料地找到一张爱不释手的照片。当年也是看过它的啊，但是当年没有去喜欢。

照片上，我靠着街边的栏杆微笑，我的身后有模糊的行人，还有一个清晰的年份与地点的标牌，上面写着：2002年，北京。

2002年的照片，在2010年，让我觉得，这是我带回来的时光行李。

那种感觉，让我在心里重新定义旅行的意义。旅行，不是要去忘记什么，而是要带回什么。那一份超越了记取和忘记、超越了喜欢和厌恶、超越了一切实际的理由和梦想的源头的行李，只在旅行时光里。

出发，不必等到心里装满了东西，因为向往是满的；回来，也不必问自己松懈了没有，因为心还是满的。不同的是，心底清亮，很是适合要牢记。

旅行就是要替你多攒一份不一样的时光，让你知道，某个地方跟你有关过，而且从有关之日起，就一直都要赖在你的记忆里。

有的人，从不在线看电影，不管下载一部影片要多久，也都会等下载完了再点开看，让其他人怀疑这人喜欢的，到底是那个影音文件，还是下载文件的漫长过程；还有的人，从来都不看文件式的影片，总是千方百计地去找原版光碟，让其他人怀疑这人喜欢的，到底是影片，还是收藏原版光碟的快乐。无论是哪一种，他们有一点是共同的，那就是为了让自己对生活或是爱好的接收，更经典一些。而经典，总是不会让人失望，它除了魅力无穷外，还可以把人带进光阴的故事里进行洗礼，然后为你疗伤，造就懂得。

它那么久远，它还那么帅

这个冬天，我窝在沙发上，用三天三夜，重温了一部电视剧。不是在网上看，也没有选择哪个电视台，而是找别人借来一套光碟，不停地看。

这个高清版的老版剧被我重温的结果有两个：一是我很想很想去忘记一个人，因为通过这部电视剧，我终于明白他需要被我尽快忘记是因为他不够经典；二是我很想很想找个同龄人跟我一起来摆摆龙门阵，话题就是那时候的那部电视剧。

不知你们有没有经历过那个时刻，不知你们经历过了是否还像我一样点滴细细记在心？

是吧！那年的夏天，因为这部电视剧，竟然会万人空巷，工人罢工，店铺罢业，而当时还是一群小孩的我们，为了与此情与此景相符，于是就纷纷很快乐地忘记了写作业。

因为它，那时的电视机，屏幕再小，哪怕只有黑白两色，哪怕信号欠佳老是有雪花点，都没有什么关系的，因为每台电视机前的观众都不是孤独者，总是左三层右三层被包围得让人不得不把音量调到最强档。

那场景真是空前绝后，热闹非凡。为了等它的到来，大人们各摇一把蒲扇在讲昨天的剧情，说谁比较厉害，说谁更好谁最坏。而小孩们则依在大人的旁边听着，时而皱下眉头表示诧异，平常那么严厉的老爸老妈，今儿竟然成了一个个笑逐颜开的故事家。

而且非常幸运的是，我们院子里那个有彩电的邻居大叔的胸怀还无限宽广，每到天黑，他就会牵拉出一根长长的到处是结头的电线插座，然后把家里那张还留有晚餐菜香的桌子搬出来放在院子中央，接着再笑呵呵地把他家的彩电抱出来稳稳地放到桌上，最后回头对大家一笑："安静，马上就要开始了！"

我们到底都在干啥呢？

等"射雕"啊！

只可惜，当时我们作为小学生，对于江湖的认知能力实在是有限，只知道蓉儿聪明非凡，不仅会破阵法还最会做算术题，靖哥哥真的很笨，但是他记忆力超级好，那本叫《九阴真经》的东西他正可背，倒也可背。

除了这二位，我们的眼里就只看见一大堆怪人了，比如那个大师傅，眼睛看不见却还那么严厉，真是有点儿不像话；比如永远都不老的周伯通，跟喜欢吃鸡的洪七公，怎么看怎么像两兄弟；最不可思议的当属那两只大雕，它们真是修炼成仙了，真神啊！远在千里都可以随叫随到……

今天我要找同龄人来摆龙门阵除了有怀念的目的外，还有一个就是要倾诉探讨。我想对同龄朋友说，那时候，我其实还记住了一个人的名字，因为它实在是太特别了，它写着好看，读着好听，可是他却是个大坏蛋。但是今天，当我被男友抛弃郁闷至极只有孤单地守着83版的"射雕"看时，却突然发现，完颜洪烈这个形象，最最成功的、最最让人费解的，原来不

是这个人的坏，而是他那么坏，却还那么爱。

谁可以做到嘛，十多年守着一个心爱的女人，不靠近，只看着就好。

真是奇怪，二十年前，我看到的是一个坏蛋，二十年后，我看到的是一个情种。真是奇怪，三天三夜前我还郁闷至极差点儿就要寻死觅活，然而三天三夜后，我很轻松地就忘记了三天三夜之前的郁闷和痛苦。原来，83 版的《射雕英雄传》它那么久远，它却还那么帅！

这到底是为什么呢？是因为经典除了魅力无穷外，它还可以把人带进光阴的故事里进行洗礼，然后为你疗伤，造就懂得。

它并非只有光芒之身，它会冰冷，它也会融化，它会一颗永流传，它也会仿佛从未到来过。钻石不过有一点冰凉，得不到的心里，会觉得它又冰冷又坚硬又遥远，得到的心里，又会欣喜若狂热爱它到融化。

冰雹只是我这里的钻石

这个春天，他总是很忙。每次打电话，她都问他，什么时候回来？

他许诺，说她生日那天一定会回来，一定。

有期待的日子，过得好快，转眼就快到他回来的日子。

她生日的前一天，天气很好，阳光仿佛立志要把全世界暖透似的。但是没想到了晚上，天气突然电闪雷鸣，半夜时分居然还下起了冰雹，一颗一颗地打在窗棂上。

她明明已经睡下，却还是从床上跳起来，打电话给他。

窗外冰雹下得正密，咚咚咚，像心跳，她用肩膀夹着电话，很快乐地对他说："我们很快就会有钱了，你信不？"

他说不信，工作太累，他刚入睡，还说别闹，明早六点他还得出发到上海。

她心里顿时就有了浓稠的落寞，原来他还是忘记了几天前给她的承诺。

见她在电话里不说话，他又假装出一种轻松说："哦，我知道了，你呀，一定又用我们相识日那几个数字买彩票了，然后憧憬大奖，你还真是

个幻想家。”

他猜错了。她的心里那成堆的时而似水时而似火的心情，因又不能与他照面交流，于是便成了又一段沉重。

窗外依然很热闹，她的心却凉了。

有人说，冰雹是这世上最贪婪的魔王，它们的冰硬，总是蓄势待发地来成全自己索取更多温暖，而被它索取吸纳过的，总是萧条。

她想，这一场冰雹，不知又打闹了多少户人家的窗玻璃，偷走了多少像她这样的人心窝里的暖。

她其实一直都没有要求他非得打拼到富有不可，她觉得为使爱情幸福的最好努力，就只是两个人在一起。这种在一起，是心在一起，手在一起，气息在一起，而并不是要有很多很多的钱，以及可以打滚儿的大房子。

可是他认为是，甚至坚信到在达到这样的目标以前，他都害怕去和她领结婚证，害怕他们的孩子会不请自来，然后将他的规划都打乱。

但是孩子还是到来了。她为了结婚，偷偷地把避孕药换成维生素，三个月后当她握着那张HCG化验单给他看时，她有一种终于要有家的幸福感。

那一夜他一直搂着她，一句话也不说地搂着。

第二天一早，他拉着她的手，带着她去银行取出所有的钱，还带着她去一个朋友那里借了五万。

她不敢问，但她喜欢他这样霸道地拉着她的手让她跟他走，她能感觉到他是在做大事。他的手紧紧的，渗出的汗绕在两个人的手指间，黏黏的。

当他把她带到那处她跟他赞许过一次的江景房，毫不犹豫地办了首付时，她的眼圈红了，原来他沉默着不说话，要做的大事就是要给自己和孩子一套房子。

宽大的阳台，正好容纳着清新的江风和暖暖的夕阳，他们在阳台拥抱在一起，那一刻，她觉得这个世界美好得像童话，而她和他是主角。

当太阳终于掉进江里，天空不再明亮时，他捧着她的脸说了许多话。

她看着他，流泪点头。

他是个深沉的男子，他向来是决定好了才告诉她。他已决定要走了，上个月他跟她提过，如果他去新的分公司薪水会多许多，当时因为舍不得而犹豫，但现在这处房子只有那样的收入才能按时按揭。

走前他陪她去做流产手术，找了朋友，得到允许，他换好防菌服抱着她走进手术台做全麻人流。她没有痛苦，麻药过后她醒来时，看到他握着她的手在哭。

她原谅了他。他是爱自己的，只是有时候，男人是需要以一个成功者的形象进入真正的家庭的。

两年来，他在外面打拼，她在家里等待、憧憬，仿佛两个人的手心里，都捧有珍宝。

但是那个下冰雹的深夜，当她快乐地用脸盆接住半盆冰雹颗粒，并且开心地逗他时，他的态度以及这两年来每次联系都会透露出的疲倦，让她觉得心比捧着冰雹的双手还要冷。他已有多久没有那种回家的急切了。

原本她是想，只要他稍稍因为马上就要回家而开心一点，问她怎么就有钱了呀，她就会说，她把接住的这些冰雹颗粒，当做他们的钻石，明天他一回来，她就不再让他走了。

可他根本就没有心意要回来，一再的忙碌，让两颗心的距离也遥远得冷飕飕的。

但是因为第二天艳阳高照，连天空都仿佛忘记了昨晚有客人来过，她也想要原谅和理解他一次，然后再期待一次。因为他并没有言而无信过，她相信这一次也不会。

然而，一直等到天黑，又再等到天亮，他都没有回来。她终于相信，她和他的爱情真的是冷却了。于是这几年来，她终于做了一个决定，她不要再这样，她想要离开了。

之所以有这个决定，是因为一件事：那晚她把那半盆冰雹颗粒倒进了冰箱的一只抽屉里，第二天她买好菜要等他守信回来，把菜放进冰箱时，看到了那一箱冻在冰箱里的冰雹钻石没有了，是因为没有打开冰箱开关，

冰雹全化成水了。

原来，再好的感情，再安心的等待，如若不补偿一下，感情还是会融化消失的。那么爱情也如是，因为太过深情太过托负，假若不记得补偿，也就不再有光彩不再想期待。

原来这世上，还有一种附件叫完美。它属于深爱的心，能够被对方体会时，这种附件就和正文一起展现美好；不能够被对方体会时，这种附件就成了病毒，毒着孤单追求完美的那一个人的心。

完美地在一起

策划十年同学聚会时，大家都猜，她肯定又会带老公来。

在大家眼里，她实在是有点不一样，她似乎不明白许多事都是有规则的，就连同学聚会也是有的——不管你有多方便或多不方便，单身前往才对呀。

然而这十年间，不论大聚小聚，只要她来，每回都会带着她的老公。在同学们看来，她老公人长得根本就不帅，事业更加不帅，基本上就没有趁着人多好好晒一晒的条件。

而且更严重的是，如果她老公乐意被她带着来参加聚会，倒也不错，让大家看看他们的形影不离、恩恩爱爱也是好的，至少能给那些向往夫唱妇随的人一个甜蜜的榜样。

可是偏偏他每次都跟受罪似的，仿佛他是被她绑着来的。于是，他总是摆出你绑来了我的身，绑不来我的心的态度。他真像个大爷啊，会毫无保留地在聚会里表现自己的心情，碰巧高兴，人家就笑笑，也搭搭腔，要是不高兴了，聚会全程都会板着脸。

有刻薄的同学私下里说，她啊，就是一个离不开附件的文件，即使这个附件是病毒，只要她出现，附件也就得在，仿佛她和他在一起才是她的全部。

某次聚会，他俩为到底几点回家的事意见不同，他又不高兴了，竟还同她吵了起来，然后很不给她面子地扔下酒杯，拂袖就走。

那次大家都愣住了，都以为她一定会觉得很委屈，就算能忍的话，也会忍得有所领悟，下次来，绝不会再带这么个专搅气氛的人来了吧。

然而后来的聚会,她还是带着他,一次次,让大家一同忍受他的臭脾气。

这让大家不得不一次次在背后议论她，觉得她真是爱得没骨气，大家甚至从很久以前开始议论起，说他们恋爱时，她就是跑来跑去讨他喜欢的那个人，结婚后，她更是任劳任怨去心疼他去付出的那个人。婚后这几年，她的样子更加突显她是有危机感的，整天小心，生怕他不再是自己的那个人。为什么她就是不懂，不懂得在感情里，付出多的那一方，总是多一些卑微和隐忍，享受多的那一方，总是骄傲和肆意许多。而且作为女子，就算你再爱，你也总是要留有一点骄傲留一些自我的。

大家你一言我一语，把她的问题、她的事都说了个遍，甚至包括再聚会还要不要请她。

讨论的结果是，十年聚会，怎么都不可以不请她的，要是那男人还那么不给她面子,大家还真得说点什么,为她撑一下腰才行,这都忍了十年了。

但是，令大家奇怪的是，后来的那次聚会，她没有带他来。

不仅没有带他，而且她的气色也明显比以前明亮了许多，问及原因，她淡然一笑，说她以前带他来和现在不带他来，都是一样经过考虑和心甘情愿的。

她告诉我们，上个月他们离婚了。他要和别人私奔去外省，她没有为难，也没有阻拦。

在她的淡然里，大家都有些惭愧。这么久以来，大家总是拿她来讨论，总以为自己的见解和态度比她的明智深刻，却不知，她仅仅只是想告诉大家：她和他在一起时，她便和他一起来，尽管他不是很愿意，说不准还会发脾气，但是她和他是一起走进这个门的，她和他吃一个桌上的饭菜，喝一瓶酒里的酒，嗯，没有别的，他们在一起时，就是在一起。现在，不在一起就是不在一起，没有什么。

有人说，这就好比论坛里，为了方便看帖子，会有“高亮楼主”等等这样的可供选择，但不是每个帖子都值得被选择这些功能的，一旦你想要去选择时，在点击的那一刹那，其实你就已经承认被你要求“高亮”的发言者的某种深刻。可见，旁观者未必都比当局者清，人家当事人自己成就的深刻，肯定比任何一个观众都深刻得多。

而当初拿他比做她的附件的同学也说，原来这世上，还有一种附件叫完美，它属于深爱的心，能够被对方体会时，这种附件就和正文一起展现美好，不能够被对方体会时，这种附件就成了病毒，毒着孤单追求完美的那一个人的心。

女生都讨厌它。它很虚伪，它在表扬你的同时，又在否定你。女人们想对那些习惯递出好人卡的男人们说：我们好不好，请在分手之前说！分手时，你再明文确认我们的好与坏，有什么意义？

本草的精华

2009年2月12日的下午，武汉的温度竟然高达29.1℃，成为百年来2月最热的一天。

论坛里马上就有人说：

——这是在给情人节加温，说不定这一加温啊，眼神热了，衣衫薄了，情人节就过得就更加春意盎然了。

——但是29.1℃，这是春风下的温度吗？都有人蹦进长江里游泳了。

——看来是季节乱套了，初夏心急，当了第三者，让春风与时间失恋了，糊涂得都将情人节表错日期。

——完了完了，我要立马跟他去挑订婚戒指……

热闹的帖子看得H脱了外套哈哈大笑，并开心地跟帖说：楼上美女放心吧，这两天哪有失恋的，再不地道的男人也知道要等到2月15日的。

但是H却没想到，她自己却在情人节前失恋了。她收到了男友给她的“好人卡”。

H说她仔细想来，其实前一天晚上，男友就有预谋了，他说“你是个好人”时语气里有股怪调调。H当时就明白，或许这场恋爱又已死三分，于是H对他说“你也是个好人”。

然后他忍了一夜，又忍着让H吃了一顿奢华午餐，还把H送回公司，然后才打电话来说：“瞧瞧，我们都是好人，但我们是单调的好人，我们不能混搭成爱人。”

H抢着说了一句“我们分手吧”，声之高亢有力、音之不拖泥带水得让办公室里的眼睛齐刷刷地看向她。

H耸耸肩，对他们说：“你们猜猜，我的年龄有多大？”

他们都不说话，似乎要默默地注视着H隐忍地挣扎，等她哭出来。

H才不哭，她跑过去捏起粉笔头，在会议通知的小黑板上给他们上了一堂数学课——假如失恋一回就老五岁，那么某女实际年龄二十八岁，失恋五回，加上附加年龄，她现在几岁？

有个小心的声音说五十三岁。

H一笑，在黑板上写了一个五十三，说那进一步推理，某女是不是刚刚幸运地跳过更年期？

那个声音稍稍大了一点说就是的咧！

H在五十三上划了一个叉说错！大错特错！

解释如下——健康美好的附加年龄应该是负数，某女的年龄应该这样计算：每失恋一回，附加年龄是负一岁，此女失恋五回，即负五岁，加上实际年龄，那么在爱情第五次说OVER时，她刚好二十三岁。

他们给了H掌声。

H拍了拍手上的粉笔灰，笑着说：“春风不失恋，谢谢！”

H不是矫情。因为天气预报里明明白白地说，后天，武汉的气温会下降10℃，那么我们再来一道温度减法，不是就可以得出，暖融融的春天在后天就又回来了吗？

所以当下一缕春风吹起，春风下的每株草，也都是会继续在春的怀抱里酝酿各自的精华的，比如芦荟会继续酝酿出精华来让我们养颜，茉莉也会继续酝酿出香气好在盛开的那天跑到你的鼻子里……

而H这棵刚刚又经历第五回失恋的草，新的再爱的勇气，也会春风

吹又生吧。因为本草的精华就是，对美好从来不绝望。

说不定，等到正牌夏天到来时，H都可以很骄傲很自豪地在公司的小黑板上给女同事们再开一课，课的主题也许就会是——望春风，一个草根美女成功的爱情奋斗史。

水晶顺应了自然的打磨颠覆才有了后来的晶莹，而人的手心总是要有一条坚强的感情线才会握住辗转而来的水晶之恋。

坚强的水晶

她和他，在十八岁相识，那个年纪的孩子，都很喜欢标榜自己，好像所有的表情都酷得比金城武还厉害，每回宣言都喊得比会用英语背八股文还牛。他俩也是如此，她是女生中最骄傲的那个，他是男生中很多人都觉得不好接近的那个。

只是很奇怪，她和他，这么不好缠的两个人相处起来，却是百般小心地想要藏住性格里的刺。刚刚还是上挑的眼神骄傲的嘴角，一旦他们的目光相遇到，一切便都柔软下来，像块有着绣花的安静的手帕。于是，他们便知道，他们彼此爱着对方。

然而，他们并不适合在一起。他的父母都在国外，他是要出国念大学的，什么也留不住他的。

她也留不住。他走了。

光阴似箭，一过就是五年，她大学毕业做了老师，平凡得像株小草，在明媚的春阳下，渐渐地不再有从前的骄傲，只有安静的绿意，没有开放的姿势。

聚会中，同学们都说这是成熟起来的她，淡定地面对未来，不做计划不做安排。完了又有同学说在美国见过他，也成熟而深沉得全然不是当初

的那个少年。

她一笑，那不是真实的他。他们其实都只是在用最简单的办法，来好好为彼此藏住一个最真的自己。

次年夏天，他回来了。当她和他手拉手出现在聚会上时，他们都不相信那是她和他，不仅是因为看到他们在一起，还因为她和他都不是以现在的成熟样子出现的。

七月的武汉，温度那样高，她和他都穿着火红的衣裳。他们都以为，她和他是又回到了从前，张扬另类得可以不管流行，在大家都生怕被人看出自己老土装扮的聚会里，敢穿和本年淡雅流行色格格不入的红。

这一年他和她都是二十四岁，之所以选红色，是因为他在一本书里看到一句话，说人在本命年，如若不穿红色是会丢东西的。三天后他便又走了，他是扔下学业和家人来告诉她，只要他们守住了那一抹红，他们就是将爱漫漶进了光阴里，他们就不会丢失了自己，也不会丢失了对方。

这一走，又是六年。现在的她，已经是三十岁了，那一年买下的红裙子，她每个夏天都喜欢穿。那一年他说的话，每个清晨和夜晚都会来温暖她，让她相信他的爱一直在，她的爱也一直在，所以别人怎么也进不来。

远方的他，不久前来信了，说整整十二年，他终于用学业和事业上取得的成绩震撼了他的家人，他告诉家人，他如此顺从他们的意愿来做这一切，都是为了能心安地和她在一起。

看着信，她哭了，十二年的等待里她一直都不哭的。然后她突然给自己买了许多的水晶饰品，带着它们，她幸福地数着他的归期。

她一直是知道的。水晶顺应了自然的打磨颠覆才有了后来的晶莹，而人的手心总是要有一条坚强的感情线才会握住辗转而来的水晶之恋。

它让我们的生活变得娱乐和轻松，如果它还能用一段话或是一则小故事让你懂得一点什么，那么它的存在就是美好且有意义的，尽管它一过期，总是被人们当做废品以斤论卖，而且常常最多不过五毛钱。然而，也不要过于悲观，一斤五角钱，它在当时，对我们的影响也是一本半遗物，如此，它已经实现了它的意义。

“对不起”的新闻发布会

7月6日的《三联生活周刊》第19页最下角，有个新闻小方块，说的是美国南卡罗来纳州州长马克·桑福德。说他前不久“人间蒸发”近一周，出来现身后便召开新闻发布会，用来哭诉自己离开是去阿根廷看望情人了，并借此机会向他家人致歉。

虽然这被称为“桑福德的性丑闻”，但还是让人觉得这个男人有点酷，当然那得不去看他的社会地位因这事造成的负面影响，单单就一个男人的情感责任来说，他能如此高调地昭告天下他的“对不起”，有点酷。

这世上，做过对不起女人的事的男人真是太多了。

绝大多数男人通常都会关起门，在一个别人看不见听不见的空间里，泣泪涟涟地说着“对不起”。其实那样很假！因为这样子的“对不起”是有所索取的，他要的是原谅、要的是放他一马、要的是他想的过了这村更好的那店。若他如愿，出了门，他就会笑开了花。

还有少数人，是属于人皮狼心的，他也关门，不过他关门后根本就不

是要跟她说“对不起”，而是要发飙的，是要不为人知地朝她吼：老子就是要这样，你能把老子怎么样？他邪着一条心，把“对不起”从人为高度推向兽行高度，肆意妄为。

横竖都要被伤害。所以凡是被对不起了的女人，如若还有心情听他那一声“对不起”，就一定要听高调的。对不起我就是对不起我，关着门，动心动情地说，说得再明白、再热泪盈眶、再一字一顿，甚至他还哽咽了、他还下跪抱膝被拖三步，那还是对不起我。

虽然淡定是一种良好的心理素质，就跟修炼的人得了正果一样，但是面对这种男人时，我们要解决的不是心理问题，而是被对不起的问题。因此，如果他错了，就得让他当着所有人的面对你说声“对不起”。尽管不是每个人都有能力和资格像桑福德那样开新闻发布会，但是你至少可以集拢认识你们、曾一致看好你们的亲朋好友、左邻右舍来亲历亲听。

而男人们，也不要认为被你对不起的女人如此是要最后发狠劲地为难你，逼得你把从前你俩的美好都忘光，她这样其实是为了拯救你，是为了成全你的责任、成全你的剩余品格、成全你要对不起她去奔赴的新生活。如果你不能领悟，那么在你贼心催促贼胆去干贼事前，请你三思吧，换句话说，敢作敢当，你也才算是对得起你所有的行为。

“对不起”的新闻发布会不是要谁自暴丑恶，而是要在对不起和被对不起之间找到一种平等，一种与道理更匹配的行为。

就连周刊上那新闻小方块的上方，桑福德先生的侧脸照也被处理得有种微妙：他侧着脸，眼神淡定，脸前是黑色，脸后是黄色，但是照片上的光，却是迎着打在他的脸上的。这样处理，或许也就是在说：迎着光去面对那件见不得光的事，也算是情感道德上的一点明朗吧。

做面膜的最高境界，是把心也连同脸一块儿美容了，让你敷脸的那十五分钟，感觉皮肤在呼吸，感觉世界很安静，感觉心里真的很美。美容达人们说，做面膜时，最好什么也不要做，闭着眼睛，平躺好，让脸充分放松和享受那十五分钟，即使说句话，也会牵动面膜，造成皱纹。这似乎有点夸张，但是如果想美，就要听美容达人们的，闭上眼，不说话，可是，你的心是自由的啊，你可以尽一切可能地美好。

小道消息连萝卜都不如

她今天真是恨不得长有八只耳朵，不不，应是真想没长耳朵，因为这两只耳朵实在是太累了。

一大清早，三遍闹铃的头遍都还未响，闺蜜就打来电话，那语气都跟梦游似的，神秘地说："有一种面膜你绝对想不到……"

放下电话，她也不用再睡了。有人大清早地给她打电话，让她去超市买那种叫"心里美"的紫心大萝卜，回来榨汁加鲜奶，放一粒压缩面膜纸，DIY 一张能敷出好气色的超级面膜，她还睡得着吗？

上了公交车，刚有一个座位，就听到有人举着报在念新闻，不知是因为大家都感兴趣得屏住了气，还是那位仁兄的声音太具穿透力，半小时的公交车之行，有近十位中外娱乐人物最近的烦心事儿开心事儿以及故意整出来的事儿，统统来到她的耳朵里。

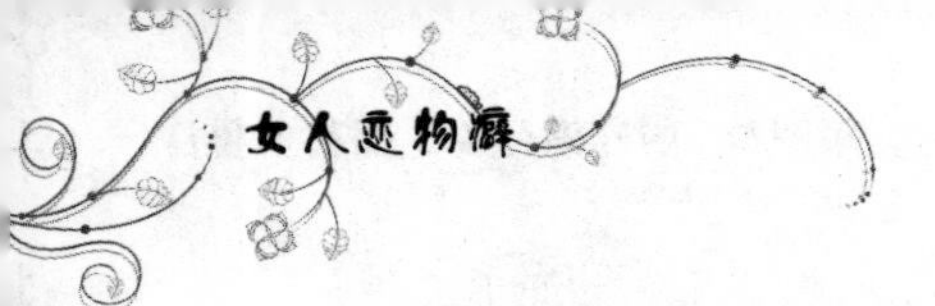

下了车进公司大楼，电梯间又开起了小会，同事说公司周末的活动，某某某可能不会再做接待了。众人大惊，忙问为啥。那人眨着一对小眼睛说，因为某某某露馅了。众人更惊，追问露了什么。“小眼睛”将手挡在嘴边，看起来是要将音量调小，但说出来的却是无比响亮的二字：胸呗！

众人震惊！公司里曾有一传说：如果你某天造访本写字楼，当电梯门打开，你看到一旗袍女子款款走出，千万不要有错觉，认为这电梯上上下下地就回到了旧上海，那只是你见到了本公司著名的优雅女子某某某，面孔是神仙气质的，三围是魔鬼气质的。但“小眼睛”却说，他在某处看到过某某某N年前在泳池边的照片，那上半身分明是吹干了的水泥片，哪有现在的这风姿？于是他得出结果：是假的。

到了办公室打开电脑才五分钟，又有同事过来爆料了。很快众人又皆知，“小眼睛”那小道消息也是假的，事出有因：“小眼睛”这只小色狼，一直狼心憋着狼胆，前晚某某某加班到很晚，他终于狼胆迸发，但却被某某某整得很难看，于是小色狼这才趁她出差之际，放出小道消息。

她的耳朵塞不下了，于是戴上耳麦，整天不说话。但在MSN里、邮件里却均又有小道消息蹦出来。

无奈的她百度一下，然后前所未闻地知道了“小道消息”一词源于美国，和十九世纪上半叶发报机电线有关。可在《现代汉语词典》中却又将它纳为成语，正解为，指非经正式途径传播的消息。原来有关此词的出身，到底是国产的还是进口的都有点八卦气质。

下班，站台上、公交车里依然有各类小道消息躲都躲不掉地往耳朵里钻。它如此霸道地盛行，越听就越让她纠结，她要不要也相信一点它们的真实？

但回到家后，她决定那一点也还是不要相信了。因为她知道了，小道上的有些事有些人，其风格还不如那种叫做“心里美”的紫心大萝卜。

她的那位集善良臭美及小神经质于一身的闺蜜，怕她不识得“心里美”，在下班经过她的小区时，把两个新鲜的大萝卜放在小区保安大叔那里转交给她。她取了半个榨成汁，兑好牛奶，分成两杯，大杯喝下肚，小杯交给压缩面膜纸。

敷脸的那十五分钟，皮肤在呼吸，世界很安静，心里真的很美。

抱枕上的时光，是温暖的，是慵懒的，是惬意的，还是阳光的。有时候，我们得不到温暖，是因为怀里没有温暖，那么抱抱抱枕最简单；有时候，我们无法使忙碌停下来，是因为意识没有在柔软上停放，那么抱抱抱枕就立刻愿意像一只小猫般慵懒。有时候，我们总是伤感，那就是因为没有怀抱温暖没有停放慵懒，那么从此刻开始，抱一抱抱枕，静静地看阳光。

抱枕阳光心

好久都没再有如此潮湿的心思，今天却在一部影片里，肆意伤感起来。

特别是到最后，画面中女主人公老去的脸被一点点拉近，清晰到能看见她的眼泪缓缓流进皱纹里，我便再也忍不住，眼泪也跟着涌出。

几分钟后，影片结束，我径直来到阳台。每当不得解脱，我便会抱上两个抱枕和一本书来到阳台。

两个抱枕，一个用来坐，一个用来靠。我用很慵懒的姿势坐在地上，去看面前的那本书，手却喜欢缩在衣袋里，书上正摊开的那两页，通常要很久我才能读完。此时，体会文字不是目的，我是在等那一瞬，当我的手伸出来触摸书页时纸上有阳光温度的那一瞬。

一年前，我就是在这样的情景中，在一种很微妙很微妙的手感里，终于放下了一个男孩，而天知道对他我不仅是动过真情，而且用情很深。

我也和今天看的这部电影里的女主人公一样，好多个日子里，总以为

生命里只有拥有他才可以称作是春天，所以我等，等他靠近我和被我拥有。

只是我没有电影中的她那样幸福。她等他，虽然深情亦悲情，可自始至终，她的爱情都是两个人的事。

而我的初恋，好苍白，没有相互，只有我自己，我的等待没有任何意义，我的失恋，说起来牵强而心酸。

但是我却又是比她灿烂明媚些许的。

如果爱一个人深刻到终身都无法解脱就叫为爱沦陷的话，那么，我没有。爱他两年，等他两年，当我知道我不过是一个人在跳舞时，我哭了，没有声音的那种痛哭。但最后我还是在一个有好天气的下午，像今天这样坐在阳台的地板上，在触摸了一本书被晒出的温暖后，就把心事也让风吹得干燥了。从那以后，每当心下有缠住的结，每当心上有难卸的包袱，只要在阳台上坐过一个下午，静静地，看阳光流下来，流到书本的纸张里，再起身时，便总会得到些许释怀。

岁月中，也许有些事我们不可避免，有些感情我们无法逃避，但是，也总是会有那么一个细节来告诉我们其实是可以不用一直都走得那么艰难的。就像这部剧里的男女主人公，他们有一生的时间来彼此爱着对方，但是为什么不让真正出发的寻找多于等待？其实他们并不是没有可寻的方向，他们中有一个人一直都是在原地等候的，从白裙飘飘的少女到轮椅上的那个白发妇人，她一直都在保持着那个守候的姿势。

今天，我在他们的故事里想起往事，心有戚戚。随后便带着抱枕和书去了阳台，再起身时，竟然觉得戚戚不在，心思仿佛暗地里早已跳转。我开始庆幸了，庆幸自己对一个男生的感情，没有强硬再强硬一点，没有守在原地一直让自己也坚持到泪需要用皱纹来接住的时候，我早已放下了梦想的迎接美好的姿势，懂得有潮来袭，便看看天空，然后坐拥出一颗阳光心。

只要天空有晴朗，伤感就没有永远。任何潮湿的东西，见了阳光，就会被收潮，心如是，爱情也如是。

它为婚姻做了什么事？证明？证明要结婚的两个人是合法公民，且爱得千真万确？呵呵，它只能证明人，根本就不能证明心、证明情。

自然爱，自然不爱

据说，曾经飞扬无敌的80后，在越来越接近而立之年时，先流行起了离婚潮。

最大的80后，不也才三十多岁吗？他们结婚可没多久，不足到“痒年”啊，好像他们前天还在马路上接吻、昨天才偷了户口本结婚、今天还说要去野外露营飙爱的啊，难道那一对对做尽浪漫之事的小夫妻们，现在都正纷纷青冷着一张脸在领离婚证？

正好80后女友月月约我吃午饭，饭间我便问她是否真有朋友在闹婚姻小别扭。她一脸的不以为然，说什么婚姻的小别扭，别说一个，这婚姻这感情要是有了半个别扭，还闹个屁，一个字——离，痛快点，离完两人好再奔个美好前程。

我哑口无言，真的是无语。

然而我愣住的样子却让她乐了，她指着我说：“你呀你，差三年也是80后的人呢，怎么就跟个土大妈似的，告诉你吧，指不定哪天我也入流随潮了。”

我赶紧把话题往别处扯，生怕这见风就疯的姑娘真会发那股疯去。

可我万万没想到的是，不久后，月月真的就入流随潮了。要知道，她和辉可是各自跟家长抗战了四年，去年才在一起的，不白头偕老都对不起那流年。

我跑去跟她急，说：“月月，你吓唬辉的方式过分了，后悔了吧，我去帮你说情怎么样？”她笑，说不必了，既然转身了，就该听身听心地向前走，回头太没劲了。

她就是嘴硬，抹不开小面子。晚上，我打电话给辉，说月月也在后悔，说他男子汉就多担待一点，主动找她吧。我甚至还把我和老公当年的事搬出来，告诉他大家都是如此过来的。

满以为他听了会像我老公当年一样，一听到我在娘家为两人吵架的事后悔着，兴奋得半夜两点还赶过来把我接了回去，一路上尽跟我说我们能相爱是缘分，能在一起也是缘分，活脱脱地就丢了这缘分，比吵架本身更可恶之类的话。但正是因为我们都小心着，不忍放手爱过的，所以这两年我们的生活跟性情也过得越来越平和了。

哪想到辉竟说：“别骗我了，我知道她是不会后悔的，我们都不爱了，再担待也没意思啊。”末了，他还让我别替他们操心了，他们自己其实都挺轻松挺自然的。

放下电话，我长长地叹了一口气。

看来，在感情的岔路口，70后和80后继续行走的方向还真是不太相同，70后很怀旧，80后很洒脱。80后可以永远像对自己的发型那样对爱情婚姻不满意，70后却永远都有一种在80后看来很奇怪的坚持。

或许在80后眼里，离婚，根本就没有70后看得那么不正常和可惜，他们认为，故事怎么发生都是他们两个人之间自然爱和自然不爱的事，他们相信，他们在一起，会完成他们在一起的佳话，分开了，也会各自完成各属于自己的另一段佳话。

那么，我是不该如此紧张的吧。

作为80后的70后朋友，该做的就是，他们结婚，共道一个祝福，他们离婚，分道两个祝福。如此，也似乎算是顺应了另外的一种自然。

第五章

青山绿水味，境界有春飞

引 言

不管是爱，还是恨，是怎样去爱，是怎样不再恨，都是得达到一种境界后，才是能够顺应自己的内心去完成的吧。

很多时候，你爱物，你爱人，都是在努力实现两种成全，成全自己，成全对方，成全你对生活的认真。

即使是痛苦，或是伤害，也是如此。痛苦了，是成全了自己的明白和对方的真实，伤害了，是成全了自己的理解和对方的不欺骗。

就像青山绿水，是苦丁茶的味道，但是苦丁茶的味道里，却又有春天在飞。

由此，你爱我，我爱你，你爱你，我爱我，种种情态，不后悔，就对了。

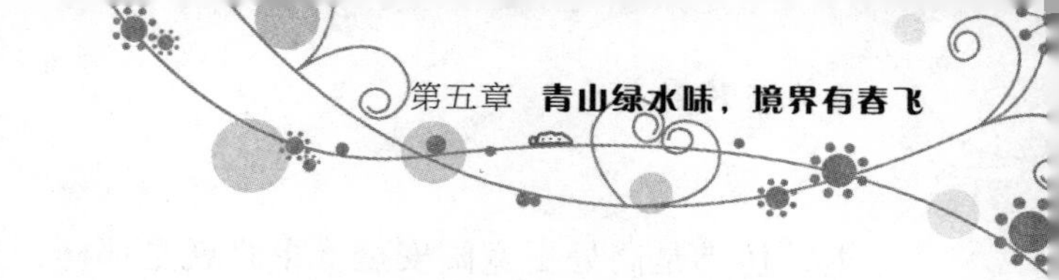

只有在沸水里，在一百摄氏度里，它才可以舒展，然后告诉人们它最真实和最浓烈的味道，就像是女人要求的爱情吧。想念纷纷落下的那段影像，只在来路的青山绿水间。在爱的过程里，结果的苦处只单单是完成一种纪念。

青山绿水的味道

她从那年开始喜欢上一种叫青山绿水的茶。

那时，她和他，爱得勇敢而热烈。深秋去旅行，来到一个小山城，本来只是路过，偶然听说那里有一个正在开发的森林公园，他们便留了下来，决定去看一看。

公园离县城一百多公里，客车只能到四十公里外的某个乡镇上。但是那有什么关系，他们的青春清澈透亮，决定的事从来都不会再有犹豫。他们从镇上一个卖茶叶蛋的老人那里打听到了捷径，公园其实就是这附近某条小溪的源头，顺溪而上，也就是二十多公里，和翻山越岭比起来，就是一张弓的弦长。

她和他相视一笑，立即出发，不用向导，紧挽着爱情，顺着溪走。

那条小溪更多的流程相当于一条山涧，被两边的山崖夹着，溪边有山果野花，没有人家。有一段，溪水还很深，他们再也淌不过。几番寻找，发现岩壁上有一条隐约可见的小道，他们两只手相牵，另外的一只手大把抓紧了岩壁上的草一直往上爬，那条路不知是谁走出来的，一直在倾斜而

上，仿佛是高处更宽阔安全。果真就是那样，当他越来越艰难地拉着她一步一步地挪过最高那一点，再往下看时，真的有一条宽出许多的路，为此，他们竟热泪满眶。

天色暗下来时，他们坐在溪边燃起一堆火，她靠在他身上，坐到晚上十点多钟，还是放弃了露营的打算。因为山中夜色，看起来有一些阴森。

也许是因为火把，他们随着几声犬吠找到了农家住下，第二天，他们找到了小溪的源头。虽然它还只是呈现最原始的风貌，一切人工的痕迹都正在进行着，但是他们觉得仿佛已领略了它的全部精彩。

只是回来后不久，他们还是分手了，原因有些粗糙，而她由此变得宁静。记得分手的那晚，她回到住处，翻出公园里那位老道长相送的一小包茶叶。道长那天还看过她的手相，他说，她的感情线看起来很坚强。

茶叶在沸水里一点点舒展，水是那样的清澈，叶是那样的翠绿。她惊喜，有些迫不及待地喝了一口，可它的味道远不及味道形成的过程让她心悦。可是她依然到她所在的城市的茶店去打听它，终于知道它叫“青山绿水”，是小叶苦丁茶，又因这个名字，她不顾它的味道，一喝就是五年。

五年后，她更多的时间里似乎已想不起他和那个森林公园的模样，她只记得她曾溯溪而上，一路深刻。这一切正如这道叫青山绿水的茶叶一样，它有好听的名字，却并不代表它有好的味道。

多像爱情，想念纷纷落下的那段影像，只在来路的青山绿水间。在爱的过程里，结果的苦处只单单是完成一种纪念。

种一地玫瑰等别人，不如种一地清高给自己。每个女子，无论多老，这样的道理都该谨记。哪怕是剩女，也有着自己独特的余香，它不在外表，而在内心。

剩女余香

余香三十岁了，未嫁。其实并不是没有追求者，而是余香觉得，爱情还是要百转千回的好。就像她种花一样，她更喜欢从种子开始，细细地种出一盆花来，而不是遇到好看的就买几朵。

余香种花，经常去一个公园里取土。几乎每个周末，她都要坐几站公交车来山上挖些土回去，乐此不疲，就好像有人为爱情来回奔波一样。

那是这个城市最老的公园，因为地段好，空气好，引得房产商纷纷在附近建房，以至于公园被围得越来越小。

公园年久失修，再加上那些楼都太漂亮，这个地方其实显得有些破败，特别是冬天，百草枯萎，树叶掉光，在周围那些人造景观的衬托下，它看起来就像一个迟暮的女人。

那段时间有个传言，说有好几个房产商在竞标，想把公园彻底买下，虽然它都被他们开发得只剩下几个小山丘了，但在房产商眼里，这就是未来楼盘的卖点啊。

许多人都担心这事，晨练的担心这个城市里再也没有锻炼的好去处，写生的担心以后只能坐在楼上支画架而不是亲临山脉土地树林。

余香也担心，余香家里花盆里的土，都来自这公园啊，若都做成了大厦，土在大厦下，可怎么取。

那个周末，天气很好，蓝天白云，风很温和，吹在脸上不冷不热，余香又带着小铁锹来挖土。

余香看到了一个人。当时，他正跟一些喜欢写生的人在一起商量，要办个集体的公益画展，呼吁为城市留一块清新土地。

余香被他的样子迷住了。一小袋土，平常一会儿就可以装好的，这一次，余香竟然像是在一层一层地铺进袋子里一样。

偶尔余香会停下，专注地看着他，而他似乎也知道自己吸引到了余香，会时不时地冲余香点点头，然后微笑一下。

最后，不知是出于灵感还是有意，他对大家提出，说余香在公园里挖土的这幅画面，正好可以画下来作为这次画展的主题画。

他邀请余香加入他们的行列，并请余香做一次模特。

余香当然有些紧张，他温和地说："不要怕，就是你最自然的那个蹲在地上细细挖土的姿势就很好。"说完，他又问道，"明天下午你可以还在这里吗？"

余香红着脸，点了点头。

就是那个下午，他的凝视，直达余香的内心。余香喜欢这样被注视，然后她就走进了他的画里，而他来到了她的心里。

后来，不知是他们的画展起了作用，还是房产商都算出移山建楼或是留山建楼的成本太高，这个公园竟然被纳入市政工程，修缮一新了。

换了新装的公园，来的人变多了，他经常来，余香也经常来。两人会聊一会儿，他聊他的画，余香聊她的花，直到彼此都意识到自己是在自顾自地说时，才会抱歉地一笑，故意问起一点对方的事，但总是铺不开话似的。

直到有一天，在他们坐着聊天的地方的前方大树下，有个人抱着一大束玫瑰向女孩求婚，他终于问了一句与花有关的话："你种过玫瑰吗？"

余香有些惊讶，但还是很快惭愧地说种玫瑰对环境要求高，她怕种不好。

他说：“没试过怎知种不好？心里装着一个人时，所有的玫瑰都会盛开的，等你种成功了，我一定会画下它们，那画肯定会是香的呢。”

就是因为他的这句话，余香决定开始种玫瑰了。余香考虑了许多种养植方案，最后决定在公园的山上租两分地，建一个温室来养。

余香养得很精心，每当周末他来山上写生，余香都会跟他讲养花心得，他会一边听一边画画，画天上的云，画远处的树林。每当下雨了，这个温室便成了他避雨的地方，他都会站在花地里吻余香，说花未开，但余香是香的。

余香的第一片玫瑰露花苞了，余香等他来时，高兴地告诉他。他也说他的《远处的树林》在某某画展中得奖了。

余香听了很高兴，心想，等到花开的那天，他来画下它们，那画一定也会得奖吧。余香不懂他的画，但是余香坚持认为，他的画得奖展出，就跟余香的玫瑰花开散香了一样。

终于，余香的玫瑰开放了。刚好那天是周六早上，余香高兴地打电话给他,她一直有他的电话号码,但是因为总会在山上见到,所以从来不曾打。

他对这么早的周末电话感到奇怪，问她是谁。

余香没有生气，她实在是太高兴了，就说：“我种的玫瑰花都开了，我数了，一共一百三十五朵。”

他还没醒吧，迷糊着声音问：“你打错电话了，我从来不订花。”

余香又说：“是我啊，公园山上玫瑰地里的玫瑰全开了，你说过要来画的啊！”

他不语，似乎是在搜索记忆。于是余香终于动情地说：“你快来画吧，画了它们，我把它们全都送给你，包括我自己，也嫁给你。”

他那边终于又说话了，但是余香怎么也没有想到，会是一个女人的声音：“小姐，你是谁啊？我老公说怎么会有这么奇怪的骚扰电话，大清早，还又送玫瑰又送人的。”

余香的眼泪顿如雨下。

原来，许多东西都参与到余香自己骗自己这件事里来了，包括留住公

园留住花香、包括种玫瑰的心、包括许诺等等。

而余香，是未恋爱就已失恋。独自在温室里坐了一天后，余香请人把温室的棚架都拆了，让一片玫瑰地出现在公园里。

辛苦种出的玫瑰，余香自己一朵也不想要。印度古谚说，赠人玫瑰之手，经久犹有余香，那么，送己玫瑰之手，只留伤。

余香没有再种花。

半年后，余香去公园看景，看到了梅花开得正浓，她看得出神，竟然弯腰捡起地上落下的花瓣，不想有一个人，正看她看得出神，跑过来帮她捡。当他们欢笑着捡了一大包下山时，他就向她表白了。

又一个半年后，余香和捡花人上山拍婚纱外景片时，看到了坐在山上画树的他，他也看到了她，欲言又止。余香径直走过。

余香要嫁人了。她在剩女生涯最后懂得的是，很多东西是要在合理的时机遇到的，去种植，其实是种不出来的。而且还有一点很重要：从来都是男人送给女人花朵。

仰望的姿势里，它其实根本就不重要，或者说根本就不会被在意，恰恰是因为低头俯首，才会看到它带给生活的灰色。在说好要分手的爱情里，若不想受伤，就最好是先忘掉。不然，就总有那不可逾越的距离被努力的心看到。

最好是你先忘掉

她总是喜欢把窗台擦得亮亮的，就好像窗台瓷砖上的那点光芒，会折射指引出一个温暖的方向，会被人捕捉，然后去向往。

但事实上，除了她自己，没人会特别留意她的窗台。

对别人来说，她的窗台，实在是不及一顾的，谁家没有窗台？况且别家的，还花正红草正绿，她的窗台，干净得连尘埃都被她擦了又擦，有个什么看头？

然而，即使是阳光都懒得眷顾一下她的窗台，她还是要每天都擦干净它，仿佛那些灰尘不抹去，就会落在心上，会有棱角，会磨灭甜蜜，会带来疼痛。

她做这一切，都是因为他。

半年前，他离开了这个城市。走的前一晚，两人还吵过，吵到半夜，两人都沉默了，然后他就走了。他走时，她看不到他的表情。只是没过多久，他发邮件来说，那夜他就离开了这个城市，但是他想念她窗子透出的灯光。

为了这句话，她一直努力把窗台展露出来，就像真正美丽的女孩，总是会露出光洁的额头一样。

她以为，有一种光芒是可以穿越距离，让他感觉到的。

那样的一种坚持和幸福，宽慰着她的心。什么都不能阻止她每天都把窗台擦得亮亮的，都不能阻止她每天都有一颗清晰的等他回来的心。持一块抹布，将隔夜的尘埃轻轻擦去，仿佛是她生命里最坚固的意念。

这一坚固就是几年，直到瓷砖表面的釉彩仿佛都已被她擦去了一层，直到没有釉彩的瓷砖，在她的擦拭下，竟然也黑黑地发亮，她觉得那也会是吸引他回来的光芒。

再后来，房东对她这个长期的房客都不得不赶了，因为房东的儿子读完大学事业有成，要回来结婚，要装修房子。

她为了他回来能找到自己，竟然倾其所有，将房东的这处房子买下，首付按揭，成为房奴。她倔强地想，她不信在这里等他一辈子，他还不回。

那天早上，她照例又在擦着窗台，因为风，她手里的抹布不小心掉了下去，落在一个人的身上。

她转身下楼，想要去道歉。

下去后看到的竟然是他。他已经发福，肚子露在衬衣外面，人也已经世故，脸上的表情她什么也看不到。

抹布落在了他旁边的女人身上，干净的衣服上被蹭上了几条印痕。

她说着对不起。他对他的女人说着别在意，但不是认出她来要帮她的口气，而是平淡得懒得争这点小事。

他平淡得以至于在听到她一句又一句的对不起时，都觉得不耐烦了，大声说："好啦！不是都跟你说过了吗？不怪你。"

她抬起脸看了他几秒钟，然后沉沉地低下头去，在那一瞬，她看到了地上的灰尘，厚厚的，整整落了十年的灰尘，将一切都尘封至陌生的灰尘。

她上楼时把抹布放在了垃圾筒上。她终于明白，在仰望的姿势里，尘埃其实根本就不重要，重要的是在说好要分手的爱情里，若不想受伤，就最好是你先忘掉。不然，就总有那不可逾越的距离被努力的心看到。

头发也是会老的，而且老得那么触目惊心。

白头发经过什么颜色

宣是她的白马之恋。白衣飘飘的年代，爱就如晨间阳光，让他们越来越生气勃勃地往明媚里长。好几年的形影相随，让她觉得他们两个人一定永远都不会有分离。

可时光多变幻，大学毕业时，他们还是分开了。

她是恨过一些日日夜夜的，恨他的誓言如此轻薄，恨他辜负自己，但是最终她还是坦然了，或许有时候不可以怪那么多又怪得那么仔细的，缘分就是如此吧。

从此她把自己从回忆里抽出来，开始相信另一个地方一定也会有春天为自己飞。

后来，她认识了他，一个从不给誓言但一天都不曾忘记给她温暖的男人，这种爱情不惊心动魄，却让心越来越依赖那份平淡的温暖。

于是她与他安然地恋爱，然后安然地结婚。婚后的生活，也就安然出一种幸福来，如一杯冷咖啡，不飘香，但香味在里面。不知是不是因了这番领悟，她竟开始去挑选许多咖啡色的东西，提包、衣物等等。

只是一个女子，过多地与咖啡色沾染，有时也会显得过于凝重。

那段日子他出差去了，要去的时间比以往都久，一个人的日子里，寂寞来找她了。

那天她独自在街上逛，竟然又遇到了宣。熟悉的眼睛，熟悉的眼神，掀开了她咖啡色的生活。她似乎没有时间去权衡，就接受了宣给她的玫瑰色的体验。

她嗅到了不同于以往生活的芬芳，她跟宣去吃饭，回来后还跟他打电话发短信还有视频聊天等等。不过数日，所有的咖啡色都沉到了尘埃里，她又开始觉得鲜艳的爱才够鲜活。她甚至想也许自己根本就没有不去爱宣，它像被好好呵护的瓷器一样，揭去老气的遮尘布后，它上面的光芒依然和润，依然蹁跹。

陷入旧日情怀的她竟然记不得出差的他去了多久，什么时候要回了。直到他告诉她他就快要回家了，问她要什么礼物。

接电话时，她才答应宣要一起去参加一个舞会。是来不及想个理由说不要什么吧，恰好翘着的那只脚上的鞋落下了，于是她说买双鞋吧。

哪知宣的鞋先到了。和他通电话时，她和宣也正在视频中，宣在那边听到了她说的话。宣送的是某品牌的新款，玫红色，虽大了一码，但有搭扣，所以没关系。

她对它喜欢到甚至去鄙视他第二天发来的短信，他说鞋已买好，三十五码，平底。竟然是平底！他明显不及宣的品味。她没空回他的短信，宣说还要带她去做头发。

做头发时，宣在沙发上看报，她想，要是他，肯定不会坐在这里，他肯定会觉得这时间还是回家做饭比较值，他就是这么个粗淡男人。

在电吹风嗡嗡的声音里，理发师说她有根白头发。她想都没想，说拔了吧。她说的声音很小很小，仿佛生怕休息区那边的宣听到。

不想旁边那位做头发的女顾客却听到了，还说怎么就要拔了，她从不拔白头发的。

她扭头看去，女人并不年长。女人有些不好意思地一笑，说每根白头都是跟他过出来的。

理发师并没有认真去理会她们的话，拔掉了她头上的那根白头发，但是拔的那一瞬间，她还是感觉到了。她心里突然黑黢黢的，仿佛觉得耳后那丝微小的疼一直在。

做完头发，距离舞会还早，宣说先去喝点什么吧，她不语。等到了咖啡店门口，她突然说她有事得先回去一下，说完便走。走了一段回头又说，要是她来不及赶回来，他就先走吧。

不知是被一种什么力量驱使，她几乎是跑回家的。打开房门，便看到放在沙发上的鞋盒，拆开，看到他买给她的鞋，咖啡色，三十五码，平底。

他果然回来了，只是不见他，她在屋子里找，还是没见他，单单就看到放在鞋柜上的菜兜没有了。

她关了手机，盘腿坐上沙发，开始修剪指甲，如同他未出差前那个自己一般。她是在等他买完菜回来做饭，悠闲得仿佛他没有离开过，安静得仿佛她又从来没有掉进往事里去过。

岁月和爱情真正的色彩都在过程里。她是在那个女顾客的话里瞬间想明白了，她的头发是为宣拔的，但却是为他白的。

有没有觉得，当你到达某地，当地的特产就好像那片土地上的贵族，被青睐，被赐予珍贵，让每个购物的人都非买它不可。那种散发光彩的安全感幸福感，须是一直努力直至成为特产才拥有的，人的气场，同样如此。

特产才安全

第一个五年聚会，大家都在谈爱情，纷纷两情相悦，纷纷信物定情。轮到她讲，她说她还没有喜欢的人，也还没被人喜欢过。说这话时，她那因气定神闲而缓缓的语速，让大家都在心里憋着笑，她明明就是无人问津嘛！

第二个五年聚会，大家都在谈儿女，你的调皮捣蛋，我的内向腼腆，她的打小就显天赋。她依然没什么可讲，就知道疯姑娘似地同那一堆小孩玩。只不过小孩们叫大家都叫阿姨或叔叔，叫她却是姐姐。

一般来说，同学聚会，经过这两次后，就要等到第二十年再有了，一是家长里短，儿女初长，大家的心忙得顾不过来；二是在教育孩子的过程中，那成堆的小事儿，不显成绩，并不足于要在同学这个观光团中展示。

但这时的她，却开始忙碌了。

今天约这个同学喝茶，明天约那位同学看画展，自由得好不惬意。而且大家都渐渐注意到，昔日这位令他们都犯愁怕再也嫁不出去的大龄非美女，现在竟然一天比一天优雅精致了，她走路的姿势、聊天的语气、持咖啡勺的手势等等，都跟大家是不同的，甚至有人说，她单单从坐姿上，就可以让路人A到Z都分辨出，谁是炙手可热的美女，而谁又已是他人妇。

而且她的爱情这时也发生了，竟然大有美到最后的味道。她跟她的他，那是怎样的初识啊，海边、沙滩、蓝色天空、抹胸白裙、扎着薰衣草的宽檐帽，他一只手里是她的手，另一只手里是两双沙滩鞋……

不由地，奶妈级的女同学们纷纷成了她的粉丝，嫉妒得恨不得坐时光机回到十年前，把家里那位无视经过，把这位浪漫相遇；奶爸似的男同学们则恨得牙痒痒：难道是我当年有眼无珠，没发现她的光彩？

不久，她和他结婚了。她的婚礼竟然成就了一场同学聚会，海风蓝蓝，好像在说，这个世界上，仿佛只剩下了她，只余下他，于是他们在一起啦！

有鼓掌的、有起哄的，只是动作均无力而犹豫，影射出那一帮同学心里的不安，以及无形中似乎都与她有了茫然的半条代沟。

话到这里，或许会让人觉得只要守到最后，就是笑到最后，其实不然。因为这种散发光彩的安全感幸福感，须是一直努力直至成为特产才拥有的，就像她，如果这十多年她没有努力去塑造完美的自己，就一味地守一味地等，怕是现在都要用皱纹接眼泪，而不是大笑之下眼角都没有细纹吧。

就像王菲，为何或隐或现都是那么惊天动地、气动山河，也是因为她是女明星中的特产。那种特别不仅是她空灵的声音、慵懒的样子、率真的故事，而且从一件小事上她也是特别的吧。不久前，陈奕迅说，她是农夫，八点就睡觉。除王菲，谁如此？

或许扯远了，只是真的很想说，安全感所带来的成功与收获，是那些生怕剩下了生怕过了这村没这店的胆小鬼永远都无法品尝的，没有经历过努力、没有历练过修养的人，就会在看别人美到最后时，在心里打那点恨自己早成就的小九九，却又不敢去承认，然后陷入不安，甚至恍如隔世。

雪花是冬的欢庆，也是心头最冰凉的疼痛。我们喜欢它，是为了在冰凉的疼痛中明白，至少记住冬天里它欢庆的过程式，那种样子是暖。

爱过不后悔是一种礼貌

她坚持要跟着他来到这个小城市。

行前许多人都说，她一定会不习惯的，不说别的，单是北方的气候，都会让她这个江南女子受不了，保证挨一个冬天，她的皮肤就会被风沙打得粗糙，而后再来说对它的喜欢，就会很少很少。

之前，她也担心这个，拉着他的手问他家乡的冬天到底是什么样子，他说冷啊，冷得外出时会把自己包了一层又一层，在雪地上走就像个大蚕茧。

她微皱着眉头问："那我会在那里越来越丑吗？"

他心疼地抱紧她说："不会的，倒是我的家乡，会因为你越来越美。"

就是因为他的这句话，让她把每根手指都坚定地穿插在他的手指间，坚定地要跟他走。

近四十个小时的车程，她的脚肿得穿不进鞋。他抱起它们，揉了这只再揉那只。也许是因为从没有坐过这么远的火车，他想了许多办法，它们却怎么都不见好，像是注了铅般地让她难受。

他想到给她洗脚，火车上没有盆，他就用好几个塑料袋套在一起，在里面兑好温水，让她把脚放在塑料袋里，而他的双手一直提着塑料袋。夜深了，其他乘客都睡着，她的脚终于好了，她亲亲他的脸，说："谢谢你。"

他却哽咽了，说："傻瓜，该是我谢谢你。"

因为心的安然柔软，她一觉竟然睡了十多个小时。当他给她端来热乎乎的泡面，轻轻叫醒她说再过半小时就到家了时，她看着窗外，眼底生潮。

她知道北方的风因为尘土沙子变得有一些粗野，但是她身边的他是细腻的。下车后，他的脸上露出愧疚，他说这就是他的家乡了，永远都是灰色的。她却欣喜无比，看着他说："亲爱的，它再丑你也爱，那么我也会像你一样爱。"

安顿下来后，他在一个政府部门工作了，她去了学校做老师。小地方总是有小地方的喜好，所有的人都认为做公务员是这里最好的工作。他也说托家人给她调调吧，她说不用，她需要有寒暑假，来好好地体味小城带给她的生活。

他说也好，也许他工作的那种环境真的不太适合她的性格。她也知道，刚刚进入那个大院的他，常常因为这样那样的事而头疼焦虑。因此，他们两个人怎么能都是那样呢，都那样的话，谁来安慰开导谁呢。

为了支持他的工作，她甚至说五年后再要小孩吧。他明白她，因为老人们都这样，儿女还没结婚时，就只是催结婚，一旦结婚了，就会天天催着要带孩子。而一旦有了孩子，他就会把追求事业的心分出一半来。

可三年后，当他在工作中越来越得心应手时，他却想辞职去深圳，是有同学在那边混出了小天地，邀他过去。

他兴奋地跑到她的学校来找她，他在她的办公桌前等了整整两节课，第一节课结束时本来有十分钟的时间她会来办公室的，但那天的课太生动了，以至于下课后她被孩子们围在教室里了。

当她终于抱着课本回到办公室时，他拉着她的手，问她是否愿意跟他一起去深圳。

她说她不去。他问为什么，她说她不觉得还有地方比这里更让她快乐。

但是男人对事业的心，多半都像北国之风，粗野又坚持。犹豫了几天

后，他还是走了。

多年的好友过来出差，聊起他，好友说："他都不在这了，你还守什么。"她摇头，说不回去，要等他回来，他一定会回来。

这一等，就是几年。五年后，好友又来看她，带来的还有自己的孩子，原来好友的老公是这边的人，但是他们的小家在她那边，在连风都温软的江南。

好友再次说让她回江南。她还是摇头，只是这一次，她不走的原因，不再是因为等他。

他不会回来了。去年，他就最后一次回来了这里。他回来时，正好下大雪。他走时，雪还没停。虽然他一回来就跟她提了分手，但是走前他还是来看了她，那时她正在上课。

他有些不快，再也没有那样的耐心可以等她两个小时。

他来到她正上课的教室门口，把她叫了出来。他说如果她愿意，他可以给她在深圳找到一份好的工作，不必在这里白白受苦。

她捏着手里的半截粉笔，直到把许多话都压下，直到指间有粉尘簌簌而下，才开口说："你打扰了五十个孩子的一节课。"

他生气而又有些如释重负地走了，那个背影让她看到，原来雪花也有阴影，那阴影，是旧情融化后留下的印渍。瞬间她想到了那时在北上的火车上，她以为他们的感情经过风沙后会在雪地里变得晶莹，却不想有的雪花也是黯然的。

回到教室，她在黑板上写着写着，就哭了。

许久，等到她擦干眼泪转过身来要对孩子们说对不起时，却发现孩子们都没有看她，不知什么时候，他们都在座位上转过了身，背对着她安静地面对着教室的后墙。

她再次哭了，但从那一刻起，她不再恨，她开始觉得，不后悔也是一种礼貌，对真爱的礼貌。

衣柜所能感受的，永远都是男人的粗心和女人的细心。男人总说他们在衣柜里找不到衣服，衣柜它才不信，它只知道自己早就看清了这件事——在感情中，男人的谎言都是用来骗女人的，女人的谎言都是用来骗自己的。

找不到衣服的谎言

有狡猾的男人提到一个科学解释，说是国外研究数年得出的结论，男人的视线要比女人的短许多，为了让人们深信不疑，这个结论还有一个实例来佐证。

这是个相当成功的例证，似乎绝大多数女人在看到它后，都不知不觉地就认同了那个结论，并且还犹自喃喃道，呀，它真是太熟悉又太真实了啊！如果我允许，几乎每天都可以发生它。

它是说在衣柜里找衣服，男人们找衣服，总是一眼瞧不见，得左翻右翻，但是女人们不一样，她们想都不用想，就知道何衣在何处。

“对，对，对，我家那位，就是这样的，左三遍右三遍都找不着，每回跑来问我，我站在阳台上隔着三堵墙两间房一扇柜门，都能给他指出那件白色的内衣在哪、那双黑色的袜子在哪。”看看，这就是女人们在听到这个实例后马上抢答的话。

这一切都是因为实例太生活，真实得好像五分钟前才有过，所以女人就没了怀疑的能力。

可是，女人们有没有想过，这所谓的科学解释，根本就是谎言。

仔细想一想啊，不仅在找衣服这件事上，其实在很多事情上，在男女有别的基础上，都似乎成就了许多不公平的结果和待遇。仿佛男人生来就该是洒脱的。引申到感情上，似乎也是如此。

“士之耽兮，犹可说也，女之耽兮，不可说也。”爱情这件事，好像从古到今都是要分男科和女科来授意传扬的，这里面给了男人许多后门条款。中华书局出版的《诗经》中，对这两句话的解释是：“男人如把女人恋，说甩就甩他不管；女人若是恋男人，就会永远记心间。”

凭什么男人爱过，就很干脆，女人爱过，却要受罪？难道那时就已经得到科学的解释，有关视线的长短？连爱情的视线也是如此？男人的爱情视线短得转身就可飘散，女人的却要端端正正地投向自己的整个将来？

这里记起一个朋友的朋友，他三十未娶，问其原因，不是没人爱，也不是不会爱，而是太会爱。从大学起，他不知以爱情的名义成就了几个女子的忧伤。可他明明是伤了一大片心的，让一大堆美好女子的后半生都有个忧伤的回忆的，但他自己却漂亮地说：“我真的不是花心，我只是很纯粹地去爱。”有多纯粹呢？他的说法是：他懂得——在爱的时候，要对爱情的美好深呼吸，当某天不爱时，就要对所有的往事憋着气，从不回忆。

这样的话，狡猾得让人真想替那些受伤的心抽抽他那张花心的嘴。

可见“士之耽兮，犹可说也，女之耽兮，不可说也”这样的爱情里，女子太深情全是因为男人太老鬼，总有那找不到衣服的谎言。

所以当女人被爱情丢弃，而回忆又带着美丽来袭时，一定要记住，浅尝薄取、珍惜眼前即可，而留恋，永远都是太深厚太害人的东西。爱过就爱过，爱过后，对自己对别人对世界，最不需要的宝贝展示，便是深情和不忘记。男人们可以有找不到衣服的谎言，女人们也可以有找不到回忆的壮语。

女人的幸福，只在创造并判断爱的双手和大脑里，除了这两件宝，依附于其他的，都是不可靠的。

我有两件宝

如果屏住呼吸就可以聆听到幸福，相信很多女子都可以不去呼吸，直到窒息。

只是生活中，但凡需要屏住呼吸去感应幸福的女子，其实就是已丧失了幸福的女子。

这个城市的民政大楼就在公司的对面，每天推窗往下看，都可以看到“婚姻登记中心”这六个大红字，醒目地吸引着相爱的人来此领取幸福。

那天，女友来找我，让我陪她去那里。她说她走一步台阶，心里就缩紧一下，有我陪着，或许会好一点。

我理解，她是因为紧张，害怕转瞬之间她的幸福就又没有了。

她已经是第三次来这里了。三年前，她和他两情相悦，来这里领取通往婚姻殿堂的小红本，虽然也有磨合，但是知道笑着吵，笑着闹，小日子过得也还算不错。可一年后，他们却再也没有那个耐心，他们越磨合越爱闹别扭了，然后互相看对方不顺眼，以至于他都开始讨厌她了。他的眼神半路上跟她对视上了也会赶紧缩回半截，他不再爱她，她也知道强求不好，于是来这里办了离婚。

今天再来，是来复婚的。本来单单因为两个人的感情，这婚肯定复不了。

是因为孩子。前年刚离婚不久，她发现自己怀孕了，经过一番斗争后，还是决定悄悄生，悄悄养，直至教得十个月大的孩子都会叫爸了，才去跟他及他的家人讲。她将脸贴在孩子的小脸上跟我说，就是那一声“爸”，让他心软了。

是否真的就是心软？我看他握着两份表格过来，递给她一张。我提议我给她抱着孩子，她不肯，说只要我陪着她就好。填表时，他双手空空的，下笔却如同攀岩登山。而她一手抱着孩子，下笔却如同有神。

填完后，两人要一起去那个窗口，我再提出帮她抱着孩子，她还是不肯。她把孩子更紧一些地护着跟在他后面，如同护着世上最珍贵的宝。他在窗口前想点烟，拿起了却又放回，脸色有一丝不快，好像在说抽支烟都不可以，这破事儿真麻烦。

从大厅出来，他说公司还有事就先离开了，如释重负地连孩子都没看一眼。而她却还在摇着孩子的手，教孩子说爸爸去忙吧。我看得有一些心酸，我想小孩子的那一声“爸爸”，叫给他听的不见得就是温暖，或许只是压力。

她不用我送她，拦了出租车远去。我瞬间懂得，原来她叫我来，除了真是紧张外，还是想要找个人见证一下。而现在见证完了，她再也不用有人陪，她的怀里现在有了两件宝，一件是孩子，一件是结婚证。结婚证是凭证，力保一直有缘，小孩子是小棉袄，会保幸福永远。

我很不理解，无爱为荣，却以心外之物为宝，这宝，就一定会保长久吗？

再过几个月，她的孩子一定可以背儿歌了，也一定会背那首：“我有两件宝，双手和大脑，双手会做事，大脑会思考。”不知道女友听起来，有没有我这样的感觉：其实女人的幸福，只在创造并判断爱的双手和大脑里，除了这两件宝，依附于其他的，都是不可靠的。

人这一生，要学的东西实在是太多，大到生存技能，小到饮食技巧，只要你愿意自检不足，你就会觉得每天的分分秒秒都用来学习也显得时间不够。那么，为了塑造更完美的自己，你是否为自己漫长的人生列下过课程表？如果有，在你的课程表中，你是否觉得你必须要好好学习自己爱自己这一课？

我爱我这一课

很多人都知道，我爱你是一门课，将它学好了，你可以更真诚更发自内心地去将你的爱意表达：什么时候该表达？什么时候不该表达？话说到几分？意用到几成？行动到什么程度？你都清清楚楚明明白白。而且，任何时候，你大概都不会乱了方寸，你似乎总是对的，从来都不会让别人觉得你做错了。

那么，你是否知道，我爱我，也是一门课呢？甚至它在你人生的道路上、情感的经历中、自我完善的意义里，远远比我爱你这门课重要得多。

也许有人会不信吧，或许还会说，矫情！不过就是想为自私找个好听的说法，自己爱自己的人，通常都是自私鬼。

把爱混同于自私，这话说大了。自私可不是爱。

书上说，自私是万恶之源，是一种贪欲。而爱，怎么说来都不会沾恶。虽然自私和自爱都带主动性，但自私仅仅在于让自己得到快乐，而自爱却是让自己让周围都得到快乐。自私做好了，身边的人会讨厌你，会远离你；

自爱做好了，身边的人会放心你，会祝福你。

也许还是会有人说，这样说仅仅是让自爱脱离了自私的误会，并不代表可以说自爱有多么重要。

为了证明自爱的重要性，接下来，我们让受伤者来说话吧。

世界上很多事物都得用一个极端来衬托另一个极端，比如冬天里仰望阳光，才会觉得受用，夏天里握冰，方觉得冰很美妙。我爱我这件事，也只有怨中人，只有曾经没能好好爱自己的人，才能解析其重要性。

但凡在爱情中受伤的女子，在后悔的第一时间，一定是觉得过去没有好好爱自己，要是爱好了自己，爱够了自己，那么就不会伤到体无完肤心无片好。

但是，是不是爱了自己，就会获得幸福呢？显然也不是，爱情的结果，本来就扑朔迷离，越研究越纠缠，越想弄明白越是心里没底。然而没底的原因，甚至辛苦白爱一场的原因，绝对不会是因为我爱了我自己。

仔细想一想，平常的生活中其实是没有一种爱情是要人舍弃自己去追逐的。可偏偏还是有那么多美好的女子，爱得没有了自己，弄得伤痕累累。让人不明白，她为什么不把爱自己这件事放在笑容里来完成，而非得在抹泪时才想起从此要心疼自己。甚至有的女子，还老犯好了伤口忘记了疼的错，她一路过来学会的那点聪明，总是在又一个爱情里变得不力不灵。

如果爱神也会笑，面对这样的痴女，它一定会既心疼又恨铁不成钢、恨草不开花，在它看来，真正的爱，绝对不是以牺牲自己为前提的，而应该是以美化自己的内心为首要的。一个心智明亮的女子，先懂得爱自己，再去爱别人，才是快乐的，即使爱着爱着最后爱情不见了，但是因为她爱自己，她还会懂得如何疗好自己的伤，也会懂得今后如何更恰当地去爱别人。

一见钟情的爱情，是爱情最华丽的一匹绸缎，它跳过了发芽、生长以及期待花期的过程，直接就将花朵呈现，美好无比。只是经历过的人知道，爱神从来不会这样轻易就将深刻抛下，爱神只是把建立和结果调换了一下位置，他让有的人为爱情先苦后甜，让有的人先甜后苦。

那一眼的后劲儿

“往日的街景仿佛都退回到十万八千年前，齐刷刷地入地羞躲了，那一刻的步行街上，只有他和我，身边的风很轻松很柔和，他的眼神很深情很执着。”

一个月前，景在女友聚会上对我们如此描述她与某男人互动式的一见钟情。

如诗如画的句子被她哗啦啦地用着，羞得我们这些只拥有平常男友平常爱情的女子，个个不敢多言。

她被那人电话召走后，我们都说，这回怕是会嫁了吧，瞧瞧这阵势，多猛烈的心撞心啊！

可半个月后，景来跟我们叹气：唉，又是一个前浪漫后凄艳，那感觉太不对了。

为了更形象，她还借泰戈尔的诗意抒怀道：“如果他是湖水，我若下去，我就是投水自尽，我会那么傻吗？”

原来，景跟他同吃同住了半个月，发现了种种不相宜——他吃辣，盘盘菜都像是从四川空运过来的，她跟着吃了一回，辣到胃疼，以为他会安慰，却是想得太美，他只说她太娇气。休息时，他喜欢登山，她喜欢赖床，商量来商量去，都不能达成一致，于是两个周末，他都坐在山顶吹山风，她则躺在床上做噩梦。

景说，想不到这男人，放完电了，后戏这么不带劲儿！

她的话，让我们先是愣住，后来无一不称快。是啊，生活中许多女子都上过一见钟情的当。当一见钟情被极致美化，恨不得马上就去扯证，可一扯完证就会发现昨日唯爱犹存的境界很可笑，非他不嫁那响亮亮的坚决其实很冲动。

但毕竟有证了，是法律上的夫妻啊，于是只能往下过，日复一日，直到爱情的美丽都化为黄油，直到他的高大统统倒在地上，只剩下一场爱在两个人性格棱角的磨合里诉说着：原来我们如此仓促地就彼此误伤了。

而这世界上，也唯有爱情的伤越拖越没药可治，明明心里越来越清楚，可是视觉上负担的全是责任。于是，有些人决意将就，把“爱情”重命名为“生活”，以搭伴过日子再加个孩子的牢靠方式过下去，这样的人，不再求爱不爱的，只求那不惊不扰的平淡安稳。

怕的是，明知婚姻不合心意，却既不放弃，又不认命，就会在越来越违愿的日子里，在心里把对他从前的好感撕一点抛一点，到最后，第一眼下的那匹爱情华锦，便被拉扯得泾渭分离，尽是窟窿，一入夜便黑黢黢地痛。

之前，我们或许也认为一见钟情的功力强大，魅力无疆。但是景却让我们知道，一见钟情的美，在那一见之时已是焕发到极致，到后来，很容易就突显出后劲儿不足。当你很幸运地遭遇了一见钟情，在忙着交付永远之前，得学学景，花点时间去将他的性格习惯与自己的性格习惯，好好地端详、比照、检查一下，合则顺，不合则散，不合但又不想散的话，那么，则治，治治他那坏性格，直到中意为止。

所以，一见钟情那一眼的魅力，更多的还是在后劲儿里。

对它的喜欢，一定是最琐碎的一种喜欢，但是也是最清香最干净的一种喜欢。当洗衣粉也能被你爱上，那么你该有多小女人，而且更重要的，这个世界在你的眼里该有多美好啊。

有一种境界叫春飞

几年不见的朋友来看她，在她的屋子细细走过一遍后，开始发表意见了，并且还有点神秘地说，房子还不错，但是于她而言，少了一样东西吧。

她惊讶，问朋友少了什么。朋友还有模有样地像背书似地说："你想想，我们平常工作多忙，好不容易下班回家了，就要多抓一些鲜香，多享受一些轻松自在，你不该为琐碎的家务而天天向美丽的生活请假。"

文绉绉的朋友说了半天，她才明白，她指的是她家里没有洗衣机，责怪她不懂得对自己好。还说如今的洗衣机功能越来越多，加温洗涤已过时，蒸汽洗涤正当道，想不到她却还停留在手搓时代，难道她不知道，这女人的生活啊，洗着洗着，手就会伤，脸就会黄，生活的乐趣就会都给洗光了。

她却一直笑，等朋友终于说完，她领她来到朝南的阳台。她愉快地说，没有洗衣机，并不代表她就为洗衣这事生烦恼呀。相反，她觉得提起一件衣服细细地搓，才是她生活中最享受的事。

因为她有一个洗衣池，在阳台左边的地台上，它是蓝色的，蓄满水后会与铺满鹅卵石的地台相映，有如截来一片海色。

每周一到周五的晚上八点，周末两天的上午十点，她都会坐在地台上

提着一件衣服细细地搓，那时，阳台外或有风、或有雨、或有星月、或有阳光，如春天。

如果洗衣机代替了她，那么在相同的时间里，她或许会在一个坐立不安的约会中，或许在为永远都做不完的工作坚持到胃疼，还或许无聊到某个肥皂剧绊住她，让她与戏同悲还要缓存至梦里。那样看起来，是她对自己好了，解放了手，安放了闲暇，可事实上在这段时间里她要去做的每件事，都让她无法避免地要去花心思要去累。

所以没有什么比她用手搓衣服时更美，甚至因为这个，她是那么喜欢洗衣粉，它们的清香融入水中就涤净了一切尘埃的沾染，也把她的心情变得如同海水一般蔚蓝，于是绕上手的就不叫琐碎，而是一抹干净的春天。

她还说，她去超市喜欢逛洗涤专柜，前不久当她看到竟然有一种洗衣粉叫“春飞”时，她是那么欣喜，抱回来好多好多，而每次用它搓衣服时，便真的觉得春在飞。

享受生活可以有很多种方式，各人的境界各不相同，你有你的惬意，我有我的享受。当你不能来到别人的境界里，你千万不要说别人没你懂得享受生活，因为别人还在心里笑你不能体会他正享受的美呢。

此围脖非彼围脖，但是它们却一样被人喜爱。虽然完全不同，却一样是为了寻找温暖等候温暖，至少，这个故事是这样。

为爱心跳微微博

她又迟到了。主管纪律的大婶凶巴巴地说："你已经迟到五回了，再迟到，你就可以走人了。"

她低着头，只做事，不敢再讲话，但是心里却感觉这个城市对她的迎接，就像大婶的语气一样不友好。

她把手机的闹铃又调早了一点，钻进被子后还拍拍自己的耳朵：拜托，明天一定要听到，一定要醒来。

大概是太在意了，这夜她失眠了。

半夜时分，外面安静得可怕。邻居是怎样的一个人呢？男的还是女的？年纪多大？怎么总不见回来？她想着想着，竟然渐渐地睡着了。

听到一阵音乐声时，她以为是在梦中。直到她的手机闹铃也响起来，她才清醒，要起床了。

来到客厅，有一只手机在茶几上。原来邻居回来后忘了把手机带进卧室。

她觉得奇怪，为什么她的手机闹铃每天早上响个不停她都听不到，别人的手机铃声隔着门，却可以让她醒来。

突然她觉得要谢谢那只手机，于是她写了张字条，不知怎么称呼，便

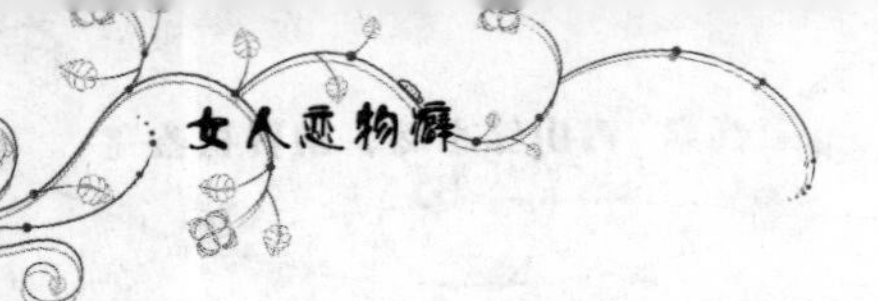

写——6:45 分，谢谢你叫醒我！ 6:50 分留。

她觉得这世上最神奇的就是声音。几乎每天早上，她都会在外面 6:45 分的铃声中醒来，只是她不明白，为什么那只手机每天都要放在外面。

它的闹铃音乐很好听，不知道叫什么，但又觉得它很是耳熟。

有几次她都想拿起它查看一下，却又觉得这样不礼貌。她也有意想等手机主人回来，彼此认识一下，却总是等不到。

渐渐地，她觉得这样也好，一个神秘好人的手机是有心跳的吧，心跳声就是那首歌。它每天都在这个房子里，跟她陌生又相关。她不再想要去试探和打扰这一切，既然“6:45 分”想这样温暖又神秘，那么她只要感应就好。

试用期结束后公司有考试，通过的话，才会与她签合同。她担心自己又起不来给耽误了，头一天去上班时，便给那只手机留了言——6:45 分，明天你可以在 6:00 就叫醒我吗？ 6:50 分留。

第二天早上，果然是六点整，手机在外面响了起来。

她顺利签合同了，大婶第一次对她笑了，她把手伸进外套口袋里，紧紧握着自己的手机。

今天早上，她第一次摁了那只手机，摁得是自己的电话号码。

她拨过去，听到一个男子的声音，很清澈，很浑厚。她轻声地说：“嗨，‘6:45 分’，我是‘6:50 分’。谢谢你！”

本市晚上十点的电台节目，那个叫肖安的男主持人讲了一个故事。两个月前，他最消沉想要放弃一切的那天，事情发生了转机。他因为喝醉将手机落在了客厅里，但第二天他却收到一句谢谢，他突然就觉得生活是多么奇妙和美好。

因为那张字条，从那以后，他就开始喜欢每天隔着房门听闹铃，渐渐地竟觉得音乐如此入耳才可称为唤醒……

原来，肖安就是邻居。怪不得每天都回来得那么晚，晚到她都等不到看到他。

她把那首歌也存到自己的手机里，单设置成他的来电铃声，屏幕显示

“完成”时，她有一种很奇特的感觉，好像她把这世上最美好的东西装进了手机里，好像她的手机从此也有心跳了。

从此听到铃声醒来，看着外面渐渐泛蓝的天空，她会觉得生活就像蓝蓝的显示屏一样清澈着，有些事情是讲不清楚的，但心却是明明白白的。

有一天，他们彼此都留下了对方的新浪微博地址，无论在电脑上还是手机上，两个人每天都可以知道对方的思考、快乐、忧伤等等。

天越冷，她越想看看他了。有天她用手机写微博——6:45 分，明晚回来叫醒我好吗？

他回复，写着好，却没有那样做。

天气预报说会下雪的那天，她又留言——6:45 分，如果晚上下雪了，叫醒我好吗？我还没见过雪花呢！

他依然说好。她看着手机，知道这次他一定会做到。

果然，晚上十点，他给她打电话。她没有接，在一遍又一遍的歌声中，她看着窗外，让泪水滚落。

她在窗边看到他了，他正站在街灯下的雪花里打电话叫醒她。

她回拨，他没接，也没挂断。雪夜很静，她倚在窗边，听得清他的手机来电铃声，跟她为他设置的铃声一样，是那首叫《前缘再叙》的法文歌。

一个在窗边，一个在路灯下。那身影，让她心疼，她关了灯，在手机上写下微博：我看到雪花了，现在我睡下了，晚安！

十多分钟后，听到外面的门响时，她也拉开了她房间的门。

这么久以来，他们一直彼此尊重，从不带给对方尴尬，但今晚，她要迎接他回家。

其实她早就知道他有拐杖，她的房门是不能反锁的，每每他深夜回来，总会把拐杖倒过来，让有棉套的那端落地，轻轻地进来给自己掖被角。这种善良美好，让她终于想要比他勇敢一点，先把喜欢的声音告诉他。

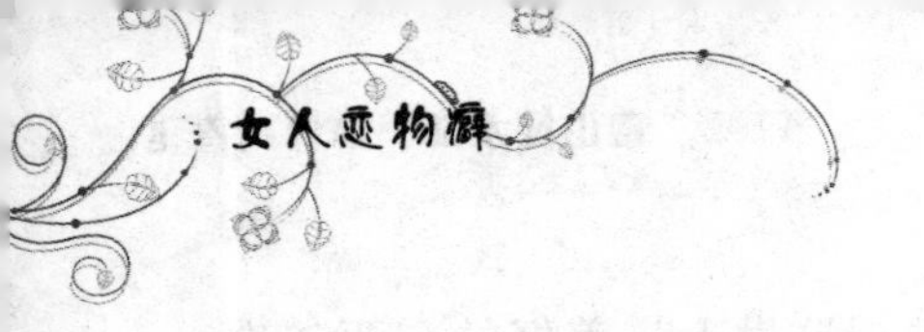

有的礼物简单到只要我说的话，你听到就好，你做到就好。那么，现在我说你听：爱我有一二三四五个规矩，第一，我要宽厚的承诺，大地之于树根的；第二，我要清新的空气，蓝天之于树枝的；第三，我要适当的关怀，风雨之于树叶的；第四，我最想要永远，就像春天永远会来；第五，如果你答应，那么从现在起，请你走向我，做我的大树。

爱我是有规矩的

她是个奇怪的女孩，三年里，每次和别人约会，她都会微笑着问对面的男生："爱我有几个规矩，你想知道吗？你会做到吗？"

几乎每一次，男生都会拿诧异的眼光看她，然后故事就不再有下文。她还落了个神经兮兮的名声，被误解的她伤心不已。

最厉害的是有一次，有同学介绍一个学计算机的男生和她认识，那男生又高又帅。约会时，当他们聊着聊着，还算投缘时，她又忍不住微笑着对他说："爱我有几个规矩，你想知道吗？你会做到吗？"

那帅哥当场愣住，但是很快却大笑起来，他甚至没有同以往那些男生那样，多少还保持一点风度，不讥笑她，找个借口先走就好。

他很不屑地说了一句："自己也不拿镜子瞧瞧，定规矩也要脸长得有定规矩的本事才行啊。"

那次她哭红了眼睛，好久，她都不再接受同学朋友的好意和别人见面。

转眼又到了春天，有同事对她说："这回这个你一定要好好把握，那男生实诚着呢。"

她想，先见见吧，至少，实诚的男生不会说那样难听的话给自己。那天下班后，他们见面了，这回她长记性了，即使要说那句话，也等两个人相处融洽了再说。

但是到第二次见面时，当她微笑着对那个实诚的男生说"爱我有几个规矩，你想知道吗"时，他突然紧张了，怯怯地问："会要很多礼物会花很多钱吗？我才刚刚工作，薪水不多。"

她听了，很心酸，相比从前的误解来说，她的这句话被这样误解，更让她悲伤。她定规矩，没有别人想的那些意思，她真的只是想拥有一份美好的爱情，就是那么简单。虽然她不漂亮，不完美，但是她一样有权利对爱情拥有美好的梦想啊。

实诚的男生走后，她觉得很委屈，对介绍他们认识的那个同事说："我定下的规定，即使没人听、没人依，但还得定，绝不收回。"

同事问她，她的规矩到底是啥？她说不能说，那不是说给朋友听的。

她这样一说，连同事都觉得她有点莫名其妙了。

只是没想到，她刚才在电话里的发泄会被一个人看到，并用手机拍了下来，发到一个她熟悉的论坛上。当她看到时，惊讶万分，发誓一定要找到这个人，他怎么能这样侵犯她？

她用网名为"小树"的ID和他在论坛里周旋，然后又转战到QQ上，在这几个月的交流中，她已经喜欢上了他，而他似乎也一样。

只是她仍心有余悸，怕走出网络，走出QQ，彼此在生活中相见了，她说了那些话后，又会受到嘲笑和不理解。

但是没有，他来和她见面，不等她开口，他拉上她的手说的第一句就是："我花了三个月的时间，终于牵上了你的手。"

原来，他是一直在她身边默默喜欢她的邻居。然后他又问："那爱你的规矩是什么，你可以告诉我了吗？"

她脸红了，笑，但终于还是很甜蜜很幸福地大声说出来："爱我有一二三四五个规矩，第一，我要宽厚的承诺，大地之于树根的；第二，我要清新的空气，蓝天之于树枝的；第三，我要适当的关怀，风雨之于树叶的；第四，我最想要永远，就像春天永远会来；第五，如果你答应，那么从现在起，请你走向我，做我的大树。”

每个女孩子，都会精心地为自己登上各种舞台准备演出服。

去舞台约会幸福

她今年二十九岁，再过一年，就是标准的三张了。

自从过了二十七岁后，她不急家人急，家里动员七大姑八大姨把能逮着和她靠上的男子都介绍给她见过，她也被拖着去见，但结果却是每一个她都说瞧不上。

她说生活的城市太小，好男人早都出城了，她得把眼光放长一些，远远地找一个如意老公。刚开始长辈们觉得她天真，再后来觉得她不现实。当前不久，她迷上了湖南卫视的《我们约会吧》后，告诉他们她再也不见亲友介绍的男人了，她要去湖南卫视相亲时，长辈们都说她神经。

在上辈人看来，这种娱乐性的节目，也就是图个好玩儿，真要把寻找终身幸福的希望搭进去，那她还真是老姑娘不长进，越活越天真了。

但是她却发誓，她就是要去《我们约会吧》。

在这件事上，她那兴奋劲儿，像是活了二十九年，就为等这么一天，像是错过这一天，就得再等十年似的。她很有准备似乎也很有把握地去做这件事，还加入了一个《我们约会吧》的论坛，一有空就泡在网上和那些志同道合，为同一个目标、同一个舞台努力的人一起聊天。

她精心设计自己的造型、服装、台词，准备工作做得那叫一个细，那阵势看起来好像湖南卫视节目组昨天早上刚刚致电给她，说她已经经过层

层筛选，让她准备下期去录节目似的。问及她对可以约会男子的要求描述，她说：一米八以上、三十三岁到三十八岁、年薪十万、会生活、懂情调，还有很关键的一点，就是要对世界各地的旅游胜地如数家珍，即使没去过，也要都知道。

说这些时她脸上的灿烂，像是上天给的，因为在这以前，她被亲人拉着去相亲时，就从未笑过。无奈，家人也不好再说什么，只好给她打气，静候佳音。

还别说，还没等到湖南卫视给她打电话，她就已经成功找到了她的标准男友。是在那个论坛组织的一次拓展训练中认识的，那男子来自上海，两个人都颇有一番众里寻他千百度，最终遇到的惊喜，都有如若错过这一个，会后悔一辈子的珍惜哪。

不久后，她带他去见朋友，去见家人，众人纷纷惊讶——实在是想不到，他不仅比他们之前拽着她去相亲的那些人强，甚至还比那些能上《我们约会吧》节目的男子都要优秀三分呢。幸亏他们在去节目之前就对上眼了，要不然，这还可能被别人给抢了去。

如此说来，幸福其实需要的就是一个舞台吧，即使那个舞台离得还很远，但是拥有对舞台的向往和希望，也就一样会有掌声和灯光。舞台不是终点，用希望去造就、寻找幸福才是终点。

良辰吉日好欢笑，历来是演给糊涂人看的。

吉时已过

她有三副塔罗牌，包里、办公室里、家里分别一副，随时都可以拿出来算上一算。

但是她却不知道 7 月 23 日也是一吉日。因为一点小挫折，她从 13 号就开始宅了，整整十天。

当 23 日那天她出来时，竟然有种恍若隔世的感觉，以至于扑面而来的两件事，让她愣神半天，不能释怀。

一是她禁通讯、禁出行、禁电视、禁上网地宅完后，意外地见到了黑夜原来也会有个长短。那天早上九点多，她洗漱完毕，正准备坐在阳台上看书时，天空突然发暗，然后就进入了黑夜。因为之前她阻止了一切信息的来缘，那瞬间的兴奋、惊慌、怀疑等等，让她自己都觉得她仿佛是得到复活的山顶洞人一般。于是她赶紧开机打电话给好友丽丽，这才知道原来她在最佳经纬度的地方，遇上了五百年一见的日全食。那种激动，夸张盛大，让她不得不坚信，最美丽的兴奋，是无知带来的。

但是很快，她便知道，能因为无知而美丽兴奋的心，实属愚钝之心。

因为第二件事是，她没有想到，同她一样热衷于塔罗牌的好友丽丽，刚刚对她说感谢日全食的到来。因为日全食，昨天丽丽在城市论坛参加群聊时，认识了来自韩国的某君，很快转为私聊，望之如荼，望之如火，并

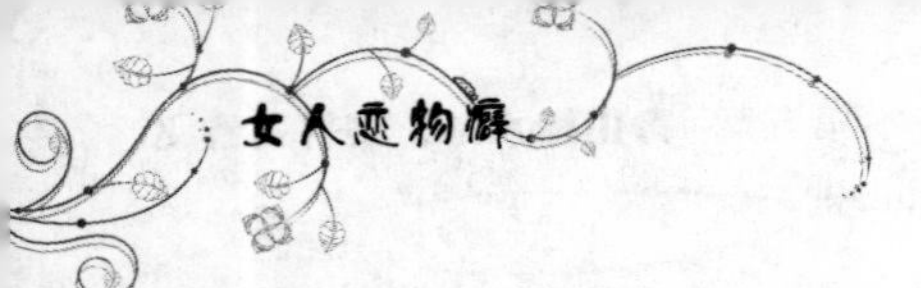

约定今天上午九点在江边同观日全食，而且今天还是此君三十一岁的生日。话听到一半，她刚想恭喜丽丽总算是遇上了好姻缘，但是丽丽却说，算了吧，已经结束了。因为此君带来的生日蛋糕竟然是过期的，又酸又霉，不知道韩国人是不是就好那口味。丽丽说她真是感谢日全食只有五分钟，那五分钟让她明白了五百年一遇的美事儿，只是月亮和太阳的事儿，与人无关。

她是深宅十天才知道原来挫折不可怕，天黑都可以让她兴奋，丽丽是吹了蜡烛才知那男人的蛋糕是坏的。如此说来，7 月 23 日，算是她们的一大吉日，是塔罗牌都算不出来的。

她如此说给丽丽听，以安慰丽丽刚刚又与爱情擦肩而过的心。但丽丽却不相信这一套，说："难道你真的相信，吉时之时所行之事，就会大吉大利，就更以慰心灵？"

原来，丽丽在吹蜡烛前，就已明白，那韩国人不过是想要借吉时猎艳而已，在江边吹蜡烛，不过是要给喜欢浪漫的人施点傻瓜营养素。

她恍然大悟。所谓吉时下的吉事，不过是聪明女子的兰心蕙质，可以在一些细节中洞察出的有关美丽的破绽吧。就像她因为小挫折而不振的心，真的就能因为一天见过两次黑夜而彻底抖擞吗？

那么女性朋友们，在你们因为美好而激动不已的爱情里，你可以捕捉到那段短暂的吉时，阅读出正在靠近的真实是什么吗？

良辰吉日好欢笑，历来是演给糊涂人看的。所谓吉日，单单就只是天地之合，它不施不借，与世人无关，聪明的女子才不会相信那些虚假的华丽，她们只相信真心。

后记

心是一块田，它是一场人生。每个人，都有一个时间的抽屉，它存在心间，存在脑海里，存在记忆里，它对我们的意义，某种程度上来说，仅次于我们的心。我们的心，装的是情，我们的抽屉，装的是用情的物。

时间的抽屉

常常有这样的事情。

某个傍晚，不冷不热，因为没有什么要紧的事要去做，坐着坐着你便很困很困了，于是歪在沙发上，靠在桌边，不知不觉地就睡着了。

你睡得好浅，以至于周围有什么声响，你似乎都能听见，比如楼下有孩子叫妈妈的声音，比如邻居回家的关门声，还比如自家冰箱的运作声等等。

你只是不想去理会而已，你对此刻的时间被自己用来好好睡觉的决定相当享受，那感觉甜美而安然。

渐渐地，你似乎睡得沉一些了，耳边的那些声响也一个个远去销匿。睡啊睡啊，不知道过了多久，你的意识突然又有些苏醒，迷迷糊糊中你觉得你这一觉睡了好长好长时间啊，你决定醒来了，可睁开眼一看时间，你禁不住笑了，笑自己在梦里像个慌张的小孩子。

原来，你仅仅睡了十分钟而已。

只是你完全没想到这十分钟竟然可以有那么多的感觉来到意识里，每一个都是绵长的十分钟。不用睁开眼睛，竟然也可以体会这么多的心情。

这让你的感觉很怪，首先会有点惊喜吧，因为你会觉得你赚到了时间呀！因为你仅仅用十分钟，就睡了感觉这么悠长的一觉。其次又会有点失落吧，因为你会觉得你没有好好珍惜时间，好不容易睡这么香的一个傍晚觉，十分钟后，你却自己把自己打扰醒了。

那么，你到底是赚到了时间，还是丢失了时间？没有答案。真的是没有答案呢！就连我们的先辈，在这个问题上，也无法给我们明确的表达。不是有位名人这样说过吗——时间它从来不偏私，给任何人都是二十四小时，时间也总是在偏私，给任何人都不是二十四小时。

其实，我们都知道，一天只可能是二十四小时。那些多出来的，让我们觉得赚了的，不过是我们对于时间的错觉，就像一个十分钟的傍晚小憩一样。

十分钟便如此，那么我们的一生呢？肯定也会时常觉得我们赚到了时光吧。

不信你回忆呀！在我们这一生的光景中，我们经历的时光越多，就越是会觉得，不知不觉间，我们原来就已经走过了好多年，我们原来认识了那么多的人，我们原来经历了那么多的事，我们原来把这一路上的精彩都好好记得。

回忆就如同是一条只有开头没有尽头的绸带，每当我们有心扯它出来回忆时，就会发现我们抽屉里的那条绸带永远都扯不完。而被扯出来的那长长的光鲜和温软，恰恰就是我们好好放在时间抽屉里的难忘和感动、珍惜和铭记。

时间的抽屉里，盛有我们的盛装，那是我们曾经为每段时光或精心或执着的穿着。

时间的抽屉里，盛有我们的盛情，那是我们爱过和被爱过的印记以及

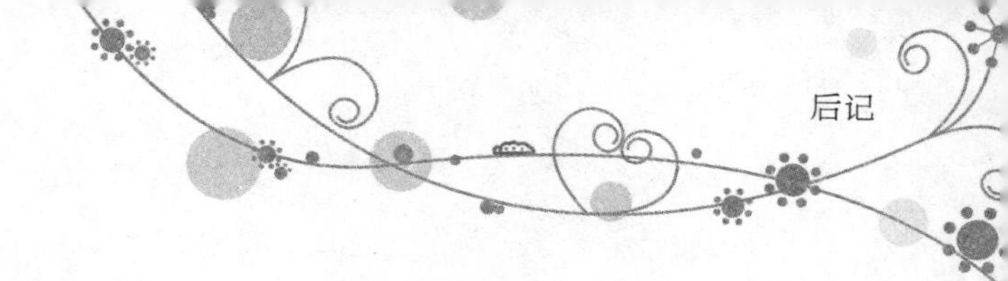

后来的懂得。

时间的抽屉里，盛有我们的盛言，那是我们在岁月河流中波光粼粼的光芒声响。

时间的抽屉里，盛有我们的盛年，那是我们青春桀骜不羁肆意挥洒的每一个四季。

时间的抽屉里，盛有我们的盛开，那是我们成熟之后最完美最悠然的绽放姿态。

时间的抽屉里，还盛有我们的盛传，那是我们以终于自诩年老的样子，得意地想要留给后来朋友的故事……